魅力

CHARISMA

产生持久影响力的秘诀

The Secrets of Making A Lasting Impression

[英] 安德鲁·利 (Andrew Leigh) 著
谢瑾瑜 译

中国出版集团 现代出版社

图书在版编目（CIP）数据

魅力 /（英）安德鲁·利（Andrew Leigh）著；谢瑾瑜译．-- 北京：现代出版社，2020.3
ISBN 978-7-5143-8424-6

Ⅰ．①魅… Ⅱ．①安… ②谢… Ⅲ．①成功心理—通俗读物 Ⅳ．① B848.4-49

中国版本图书馆 CIP 数据核字（2020）第 037554 号

版权登记号：01-2018-8829

魅力

作　　者：【英】安德鲁·利（Andrew Leigh） 著
译　　者：谢瑾瑜
选题策划：杨　静
责任编辑：杨　静　王　羽
出版发行：现代出版社
通信地址：北京市安定门外安华里 504 号
邮政编码：100011
电　　话：010-64267325　64245264（传真）
网　　址：www.1980xd.com
电子邮箱：xiandai@vip.sina.com
印　　刷：三河市宏盛印务有限公司

开　　本：880mm×1230mm　1/32
印　　张：6.875　　字　　数：145 千字
版　　次：2020 年 4 月第 1 版　　印　　次：2020 年 4 月第 1 次印刷
书　　号：ISBN 978-7-5143-8424-6
定　　价：52.00 元

致谢

《魅力》一书得到了许多人的帮助，他们有的阅读初稿，有的发表评论，有的以其他方式给予支持。我尤其要感谢的是：

- 快乐有限公司的亨利·斯图尔特帮助我们开启了整个构思；
- 梅纳德·利联合公司的同事们：迈克尔·梅纳德主任通常会全面且深思熟虑地进行观察；个人影响力课程主任布丽姬·布莱斯；艾德里安·琼斯；安·沃尔什；芭芭拉·索恩；比尔·布里顿；卡洛琳·肯尼迪；蒂娜·戈尼克；约翰·斯宾赛；卓一思·马斯克尔；罗赞娜·梅森；史蒂夫·博尔顿；西沃恩·斯坦普。
- 梅纳德·利联合公司外的同仁们：T- 移动的罗杰·泰勒，斯堪地亚公司的伊恩·卡特勒，巴克莱信用卡的苏珊·库尔森，西蒙·亚当斯和艾登·利。

感谢戴瑞安和艾登·利在 charisma-effect.com 网站上提供的技术支持。

培生教育集团的萨曼莎·杰克逊从此书的初始阶段到最后出版，一直在精心灌溉，从始至终提供帮助。

最终，我想向吉莲·利致以特殊的谢意，她在百忙之中仍提供了许多颇有见地的改进方案和建议。

谨以《魅力》一书献给吉莉。

致谢出版商

很感激出版商允许我们复制以下版权材料：

表格

第 7 ~ 8 页表格：来自《释放隐藏的魅力》，尼基·欧文（2008），见 www.audiencewithchrisma.com。获允转载。

文本

第 164 页第 1、2 段，《卫报》，《微笑吧，尽管你的聚会要结束了》，2007 年 11 月 28 日（西蒙·霍加特），卫报新闻传媒有限公司 2007 版权所有。

在某些情况下，我们无法查找到版权材料的所有者，欢迎告知我们任何相关信息。

前言

“你走进人群的那一刻，我就知道你是一个特殊的人，一个挥金如土的人。”这熟悉的抒情旋律从音乐角度提醒了我们，其实一眨眼的工夫，别人就能对我们做出判断。所以，谈到留下难忘的印象，人们普遍认为“你要么成功，要么失败”，这也就不足为奇了。

产生这一想法的原因，部分来源于那些耀眼的人物，他们给人留下了非凡的印象，身上常常贴有魅力非凡的标签。这些人通常是电影明星、政治家、将军、企业家、发明家和艺术家。

你愿意在多大程度上发展天生的内在魅力？

有观点声称任何人都拥有个人魅力，能产生令人难忘且持久的印象，但这种观点真的难以推销。你想如何令人难忘？想留下多久的印象呢？为对相遇之人产生不可磨灭的影响力，你愿意付多少代价呢？当然这不是从金钱的角度来谈，尽管金钱可以买到非常有用的专业帮助来加强影响力。我指的是，你愿意在多大程度上发展天生的内在魅力？如果你只是渴望一些建议和技巧，好吧，这些已经非常多了。然而，如果你是想通过搜集碎片式的建议去改变魅力，可能现在你就已经做到了。正如一位魅力专家所言：“如果不寻求改变思维模式，就无法教会人们魅力技巧。”

本书不是即时建议的合集，像类似“七种让自己更有魅力的办法”，而是揭示魅力基因，理解加强魅力真正需要什么，才能增加自己的存在感并改进举止。换言之，你将开始充分发挥个人魅力，给人留下更难忘且持久的印象。

你看过那部非常棒的音乐剧《芝加哥》吗？主人公的丈夫唱了一首极棒的歌曲，在歌曲里，他称自己是“玻璃纸先生”。他抱怨人们对他视而不见，鲜有人意识到他的存在，即使在他离开房间时，人们注意到的也只是门关上了。

玻璃纸先生处在魅力光谱的其中一端，即无魅力区域，但可以肯定的是，你绝对不属于那里。只有一小部分人才是真正的玻璃纸人士，毫无任何个性，魅力对他们而言是巨大的挑战，以至于他们从来都不能产生任何影响力。

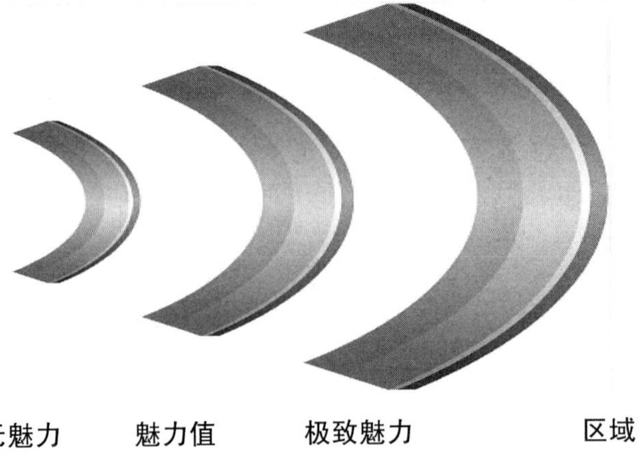

在魅力范围另一端的人简直可以改变人们的生活，这就是极致魅力，如果你拥有它，那么你的存在便可影响数百万人。同样，我们中很少有人能归为这一类，或渴望达到这样的高度。

是的，能像奥巴马或猫王埃尔维斯·普雷斯利一样产生如此巨大的影响固然很好，我们可从他们身上学到很多。但极致魅力如此罕见，影响如此深远，以至于它扭曲了魅力的全部含义，让人们觉得“有魅力”这件事高不可攀。

而处于无魅力和极致魅力之间的区域，即不极端的魅力，我们可称为魅力值，这是肯定可以习得的。你可以逐步发展自己的魅力，对相遇之人留下深刻且持久的印象。

随着深入了解魅力是如何产生的，一些问题就会应运而生。例如，魅力是可以学习的还是与生俱来的呢？魅力真正意味着什么？有哪些必备要素才能创造魅力？你需要魅力才能成为一个高效领导者吗？我们将在本书中解决这些问题。

本书第一部分将会探索魅力的目的，它可影响人们看待你以及你给人留下印象的方式。

尽管于 1947 年，著名的社会学家马克斯·韦伯将魅力视为一种特质，而最近的研究则表明，魅力是可以学习的。我们将在第二部分讨论人们和你打交道时，关于做自己的观点。

第三部分剖析了魅力更为复杂和深奥的方面，我们通常称为个人化学反应。在控制个人化学反应方面，我们起的作用非常有限。这一部分会说明，你当然可以影响个人化学反应的产生。

第四部分将深入挖掘探索创造个人魅力的方方面面，跨越做自己以及创造个人化学反应的领域，包括微笑、眼神交流、肢体语言以及魅力对于领导力的意义。

你或许决定从头到尾阅读这本书，这很好。同样你也可以选择聚焦于已知需要提升的方面来阅读。除了做好尝试新行为方式的准备，最重要的是要愿意接受你真的能提高魅力的事实。

尽管你可能很开心可以提高自身的魅力值，但是身边的人或许希望你保持现状。这就像减肥一样，你可能有意愿这么做，但是他人实际上更愿意看到你怎么舒服怎么来，而不是辛苦地减肥。所以，要谈及真正做出改变，你需要准备面对要么是来自于自己的阻力，要么是来自于他人的阻力。

目 录

第一部分　目的

发掘和阐明真实的目的

第一章　揭示魅力基因

玛丽莲·梦露有一次和朋友去购物。她的朋友惊奇地发现竟然没有一个人能认出她是明星。梦露解释道，那是因为此刻她处于台下状态。为了证明自己的观点，梦露开启了自己的明星气质。不过几分钟，人们就开始将她团团围住，索要照片，挤作一团，想近距离看一看。

梦露究竟做了什么，让情形变化如此迅速呢？可以肯定的是，梦露开始密切关注身边的每一个人时，某种联系迅速生产且变得紧密，以至于人们很快就注意到了她的存在。人们回应时，梦露也做出相应的反馈。很快，梦露的极致魅力就像是往水池里扔下的一块小石头，池中的涟漪层层扩散开来。之前，梦露只不过是悄悄地将这个魅力限制在她和同伴之间。

我们什么时候有“台上”的状态，什么时候又有“台下”的状态呢？从上述例子可知，这个答案取决于当时的情形以及我们选择的处理方式。例如，在申请一份工作时，你可能会相信自己处于“台下”状态，因为面试还没有开始。但是，其实在你按下门铃前或走到接待处时，帷幕就已升起。在你和接待员交谈、握手甚至安静等待面试时，人们就开始评价你了。

你的个人影响力就是魅力

要给别人留下持久的深刻印象，对别人产生魅力影响，需要你挖掘联系他人、建立关系的天赋。你的个人影响力就是魅力。这两个术语将在本书中交替出现。

我发现，很多人都曾阐述过如何增强魅力，如何以一种令人难忘的方式加深人们的印象。例如，其中有一种办法就声称要运用能量并对周围事物保持充分警觉，即为存在感。而多数人则依赖更加基础的方法，包括如何进行合适的眼神交流，鼓励微笑或培养“与任何人交谈”的能力，这些当然都是重要组成部分。

提升魅力值，对他人产生影响力都很简单。但是这比仅学习一种技能要更加深入。为了给人留下比现在更持久的影响力，这不仅仅是速战速决，还需要时间和努力去实验、挖掘和探索天然的魅力，你肯定可以做到。如果能深入学习本书介绍的一些方法，便可以提高魅力，总之这是一趟旅程，而不是一个目的地。

在梅纳德·利过去 21 年来定期举办的研讨会上，我们已经与成百上千的人合作，向他们展示如何通过发挥更大的个人影响力，来提高他们的魅力。这本书总结了许多经验，所以你无须参加特殊的学习活动。但是如果你有机会花上一天或更多时间向专家学习，也许能够缩短这趟追求更大魅力的旅程。

第一印象

英国皇家邮政前董事长阿兰·雷顿回忆了他在一家公司的经历。他回忆了 50 个人在 10 年期间的进步历程。他选择的这些人相对比较年轻，从初级岗位一直晋升到略低于董事会的级别。

“我们发现他们最接近的一个共同点，”雷顿说道，“就是他们在应聘高级经理时给人的第一印象。”第一印象的重要性在于它能够极大提高魅力。从理论上而言，人们永远没有第二次机会留下第一印象，所以事实上就是只有一次机会最大限度地发挥魅力。你要做的就是接受这个事实。

魅力的定义

和往常一样，希腊人总是有第一发言权，“魅力（chrisma）”这个词就源自于一个古希腊单词，意味着“天赋 (gift)”。

早期的基督徒，将这个词用来描述“从上帝那里得到的恩赐，允许接受者完成非凡壮举，例如治愈他人和做出预言”。

因此从更加传统的意义上而言，极端魅力通常指的是影响他人，使人们奉献这不同寻常的能力。

今天的魅力通常指调动自己全部力量，对他人产生强烈且深刻的影响，包括从思想、态度和行为角度，在情绪上、生理上、智力上影响他人。

如果想要一个更简单的说法，即运用个性去对人们留下令人难忘的印象。

需要关注个人魅力的迹象

- 在开会时，我觉得人们并没有真正倾听我在说什么。
- 得到的工作或项目低于我的能力和培训水平。

- 我讨厌作报告或演讲。
- 和别人说话时，直视他们的眼睛会让我不舒服。
- 人们经常让我重复说过的话。
- 说话时，人们会坐立不安，打断我，或转移视线。
- 我很难在工作中让人们接受我的想法。
- 在非正式商务场合需要闲聊时，我会结结巴巴，感到尴尬。
- 人们常常告诉我，我经常在错误的时间或地点讲述某个话题。
- 不论何时，人们对我的影响力提供意见或建议，我都会说：“是的，但是……”
- 我总感觉我在防着别人。
- 我发现很难让别人与我合作。
- 我真的一点也不在乎自己是否引人注目，内涵才重要。
- 我很难记住别人的名字，即使别人刚刚向我介绍过。
- 我不是个乐于参与的人，宁愿一个人待着。
- 在会议中，我总是坐在一个不太有人注意到的地方。
- 我进入一个房间时，总是犹犹豫豫，走路缓慢，低着脑袋。
- 我的面部表情常与感受不相匹配。
- 我在约会时容易迟到，不善于守时。
- 我发现做决定很难，经常自我怀疑。

如果上述这些描述中有你符合的情况，那么是时候打磨个人魅力了。

极致魅力

20 世纪早期，世界上最著名的女人是聋盲人海伦·凯勒。她甚至不能清晰地说话，许多人一见到她就哭了出来，可是海伦自己并不会这样，只是镇定自若、非常平静。

正如上述所说，极致魅力处于魅力范围的最顶端，也更接近于魅力的原始意义：来自上帝的恩赐或某种神奇的能量。

很少有人能直接感受到超凡魅力，那些拥有超凡魅力的人改变着人们的生活。有一些我们熟知的，在魅力范围最顶端的人，包括耶稣、纳尔逊·曼德拉、麦当娜、迈克尔·杰克逊、温斯顿·丘吉尔、史蒂夫·乔布斯、奥普拉·温弗瑞等。

极具魅力的人所做的事情和那些仅具有强大魅力的人做的事情一样，只不过做得更多。魅力学专家尼基·欧文分析了四位具有极致魅力的人，分别是马丁·路德·金、玛格丽特·撒切尔、埃尔维斯·普雷斯利和默罕默德·阿里，发现他们仅有几个外在特征是相似的。（见下表）

人们多次试图揭开极致魅力的神秘面纱，主要是列举一些显而易见的和一些不那么明显的技巧。但是这很难完全客观或理性地解释极致魅力如何产生深远的影响力。简单地将极致魅力之人的所作所为列举出来永远也不够。这就像是一个科学家详细提供了如何证明坠入爱河的方法，可能会有很多具体的迹象，如瞳孔放大、心跳加速、呼吸加快变浅等。但出现这些迹象并不意味着就是坠入爱河。

外部因素	金	撒切尔	普雷斯利	阿里
眼神交流	★★		★★★	★★★
生动的面部表情	★	★★	★★★	★★★

续表

经常使用手势	★	★★	★★★	★★★
自然微笑				
多变的音调和节奏	★★★	★	★★	★★
语速快	★		★	★★★
威风凛凛的音调	★★		★★★	★★
运用停顿	★★	★	★	★★★
自信的身体姿态	★★★	★★	★★★	★★★
措辞清晰	★★★	★	★★★	★
认真倾听	★★	★	★★	★
丰富的词汇量	★★★	★	★★★	★★
适应能力	★★	★	★★	★★
充沛的体力	★★★	★★★	★★★	★★★
表现热情	★★★	★★★	★★★	★★★
开放的肢体语言	★★	★	★★★	★★★
洪亮的声音	★★★	★★	★★★	★★
表现自信	★★★	★★★	★★★	★★★
自己领域的专家	★★★	★★★	★★★	★★★
运用故事和暗喻	★★★	★	★★	★★★
展示信念	★★★	★★★	★★★	★★★

来自《释放隐藏的魅力》，尼基·欧文（2008），见www.audiencewithchrisma.com。获允转载。

人们对名人的崇拜以及媒体的大量报道，使真相之水更加混浊。人们常常无法知道是好名声还是恶名声创造了魅力，或是反之。“我无法弄清，写我的文章中真实的成分有多少，”滚石乐队吉他手基思·理查兹说道，“我认为，过去为人所知的名声、形象就像一个球或一个链条……人们喜欢这个形象，想象我，创造我，圈外的人就这样造就了一个民间英雄。”

其他人如披头士乐队、迈克尔·杰克逊和甘地等在全球影响了数以百万的人，但是当你真正见到他们时，并不能发现他们具有超凡魅力。他们或得到祝福或遭人诅咒，但是近距离观察他们，也许他们的影响力并没有你想象的那么大，甚至他们隐藏着致命的缺点。

你甚至能拥有一个极致魅力中所要求的种种特性，但却不一定能成为特别有魅力的人。例如理查德·尼克松是一位著名的演讲家，说话掷地有声，他从可耻的失败灰烬中崛起成为美国总统。但近距离观察，尼克松几乎谈不上有魅力，他主要还是从不懈努力中取得了现在的政治成就。

一位同事告诉我，在飞往印度的航班上，有一个脾气暴躁的男人，他手里的 iPad 屏幕非常亮，惹恼了其他想要睡觉的乘客。这个人对机组成员还非常粗鲁，颐指气使。之后发现他是一个全球知名公司的首席执行官，竟然还以对员工关怀而著称。

保罗·纽曼在去世前与乔安娜·伍德沃德有着 50 年的婚姻。乔安娜·伍德沃德曾称，她根本没有发现别人在保罗·纽曼身上看到的闪光点。保罗·纽曼在日常生活中非常普通，他的个人魅力也没有那么多光辉。事实上，许多年来保罗·纽曼都是一位成功的赛车手，他的赛车同行们甚至没有意识到这个人就是那个保罗·纽曼，然而在他得到荣誉奖项时，或在人群面前出现时，人们才发现这个赛车手保罗就是演员保罗。

说服力

尽管你可能并不期望展示极致魅力，但你肯定拥有创造极致魅力的一些要素，例如知道自己的目标，进行不同寻常的眼神交流，为人真诚，拥有迷人的肢体语言，具有活力，面带微笑，能产生共鸣等。其中最重要的一个要素就是通过言语、声音和个人存在感展现的说服力。

即使是那些极具魅力之人，他们强大的说服力也很少像一按开关就能展现那样。相反，他们通常需要不断地去影响对方。

伟大的说服者通常给人的印象是他们的性格势不可当，说话强硬，立场坚定，用论点去袭击人们的头脑，无情地推动观点。这把说服变成了一场拳击比赛，而最凶猛的选手才能获胜。

事实上，说服不同于此。说服更像是教学，而不是拳击。拥有极致魅力的说服者能引导人们一步一步地解决问题，帮助人们理解为什么他们所倡导的观点能更好地解决问题。

他们在说服他人时，那丰富多彩、引人入胜的语言，不仅充满故事和暗喻，还会重视一些丰富、有文化含义的符号。如自由、公正、平等的言语以及可能是旗帜、大卫之星、圣十字架等非语言符号；或可立刻识别并理解的图像，如耐克旋风和麦当劳的金拱门。这些图示符号是说服者的工具，用来改变态度，展示真正含义。将说服技巧组合运用，就能在一定程度上解释，为什么那些具有极致魅力的人，往往将他们自己当作老师，而非一位乏味的政治家、宗教领袖或导演。

好魅力，坏魅力

如果你拥有极致魅力，会弊大于利吗?

开始钻研魅力，你很快就会陷入一个进退两难的困境。因为极致魅力需要忠诚，或需从道德的维度来考量。更简单地说，如果你拥有极致魅力，会弊大于利吗?

历史上充斥着颇具魅力的杀手，他们对许多人产生了巨大影响，然而却破坏了人们的生活，而不是以积极的方式改变他们。其中包括一些精神病患者，这些人并未运用自己强有力的人格去产生好的影响力。

“你会因成为一个极致魅力者而为非作歹吗?”这个道德维度让整个魅力界都苦恼不已。这引起了有趣但却无果的争论：名人表现出的是否是真的极致魅力?

最终，仅有个人魅力是不够的，还需要展示出品质和能力，前者意味着你要道德地运用魅力，而非反其道而行之。例如：

道德的	不道德的
● 为他人服务 ● 互利互惠 ● 向人们授权 ● 开放交流 ● 追随内心 ● 对自我感兴趣	● 利用他人 ● 自私自利 ● 强迫人们 ● 关闭交流 ● 追随钱财、权力和贪欲 ● 对他人感兴趣

最终，我们每个人都要做出判断，来辨别什么是好魅力，什么是坏魅力。该书主张的是魅力本身并无好坏，重要的是看你如何去运用它。

魅力基因

在我们常规的个人影响力研讨会上，我们会问人们：“你觉得什么是影响力？”他们有时候会回答：“影响力关乎穿着、微笑、眼神交流，以及妆容等。”他们说得并不全面，这些元素的确影响了人们如何看待你，有时还是主要的原因。因为人们做出判断的时间非常短，这也就难怪为什么形象顾问可以就外貌和穿着的颜色兜售如此昂贵的建议。然而这些都是创造魅力比较显而易见的部分。

另一个不太明显的部分就是你如何与人交往的能力。即使是最狂热的技术人员、全神贯注的电脑怪咖，甚至孜孜不倦的专家，他们在某种程度上也无法完全避免与他人打交道。对我们大多数人来说，与他人打交道是日常生活的一部分，无论是在家、会谈中、楼道里见到了老板、和客户沟通、参加一个面试、打电话或是在团队内等。

在充满着短信、视频会议和社交网络的数字时代，人与人之间真正面对面交流的机会似乎正在减少。但这所有的趋势都意味着人类关系的质量占有更大权重。因此人与人之间的交流就更加重要了。

当你与他人相遇时，人们可以倾听你，注意你说的话，寻求你的意见，回应你的要求等。当你有强烈魅力时，你就不仅仅只是在现场，同样还拥有了存在感。产生这样的影响力包括三大不可分割的部分：那就是 A-B-C 法。

- 目的“Aim”——你想获得什么？
- 做自己“Be yourself”——特定的行为特点。
- 化学反应“Chemistry”——交流和关系。

三者不可分割是因为它们交互影响，这样才能对试图形成冲击力的人产生影响。下面的图解会清晰些。

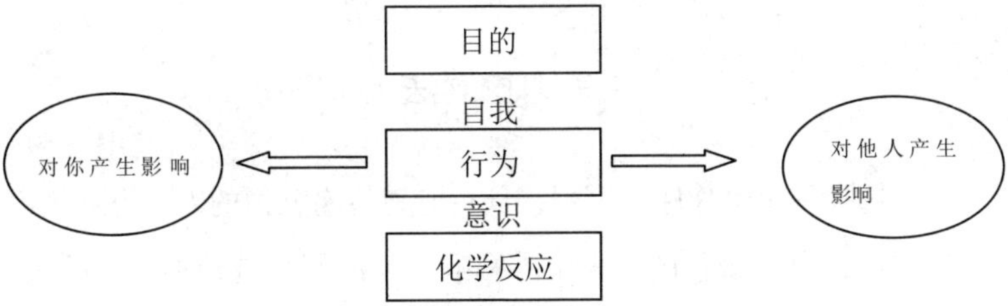

你的魅力目标会影响自己的行为，最终也会影响他人的行为。不管是自身还是他人的行为都会影响两人之间的化学反应。换句话说，如果某人发挥魅力，就会有一个持续的反馈循环。

如点头的姿势和其他倾听的迹象可以刺激反馈循环，帮助人们建立联系。“这就像在跳同步舞。”一位魅力专家描述道。

尽管你可以很好地控制自己的魅力目标和行为方式，但你终究会影响他人的行为和由此产生的化学反应。整个交互过程既需要意识到自我，也需要意识到他人。

为了提高魅力，意味着需要更多地学习三大要素，即目的、行为和化学反应之间的联系，并且学会调整它们之间的关系。

我们会不断提到这种方法。这里有一个简单的总结方法，在与他人的日常交流中更容易记住该法。

你上次状态最佳，给人留下强烈印象是什么时候？尝试完成下列的魅力挖掘法，看看你现在对他人发挥魅力是否有些有趣的结果。

魅力挖掘法

1. 选择一个给你印象深刻，且有能力传递魅力的人，也就是说此人能取得令人瞩目的巨大个人影响力。最好是选择你认识的人，而不是那些距离遥远的名人，如电视名人、运动员或电影明星。

2. 列举出他们让你感到能产生魅力值的所有特质。

他们的名字：
是什么创造了他们的魅力值？ 为什么他们能给人留下了积极而持久的印象？ 例如：他们非常直接；具有挑战性；非常有魅力等。 尽可能详细。
●
●
●
●
●
●
●
●

3. 上述这些有多少和他们的实际行动相关？有多少是需要由无形之事来解释呢？例如个人化学反应。

你知道何时给人留下过强烈的印象吗？想想你得到一份工作时，有了一段恋情时，在假期遇到了一些人时，完成了一个项目时，等等。

实验

魅力有一部分是天生的，另一部分则是应用学习的结果。

魅力有一部分是天生的，另一部分则是应用学习的结果。几乎每个人都能释放自己的魅力潜能。除了更加系统地学习，还有一个似乎更加简单的方法：愿意尝试。

尝试并不意味着你需要成为一个完全不同的人，或整个改变基本的个性——你还是你，只不过在尝试新的行为方法后，你可能会感受到新的自信。实际上，这是指你有意愿去尝试新主意，探索新行为，找到你真正产生影响、提升自我意识的方法。安·萨默斯连锁商店的那位颇具说服力的领导杰奎琳·戈尔德简洁地总结道："挑战你自己，伟大的事情就会发生。"

你可能觉得要读完整本书才能开始运用书中一些观点和建议。就像参加我们个人影响力课程的一位学员，参加课程数周后，我们询问他应用效果如何，他回复道："我还没有机会去应用。"

提高魅力要求你要一直努力，找到日常的方式来练习、尝试。即使是行为的小变化也会产生令人啧啧称奇、备受鼓舞的效果。无论你和他人打交道时，打电话时，在商店时，和朋友在餐厅时，旅行时，在会谈时，或在饮料机旁，在任何地方，你都需要尽一切可能去寻找机会，尝试列在本书里的观点。

加强魅力的自我意识要求你保持警醒，注意当下发生的事情，尤其是在尝试时。例如，一个成功运用"镜像法"的评论员曾抱怨过"只要一想尝试谈话，就会陷入精神错乱的状态，然后还要去兼顾监督和修正所做的努力"。

解决的出路就在于大量练习和尝试。提升魅力并不是一件一蹴而就的事情，这不可避免地需要时间来打磨。有魅力的人能够很好地管理好时间，无论是决定每次交流花多少时间，还是每次面谈中做多少努力。

“成为你想成为的人，永远都不会为时过晚。”

——作家乔治·爱略特

第二章　彰显魅力的目的

“疯狗和英国人在正午时刻外出……”诺埃尔·科沃德欢快地哼唱着，彰显出标牌式众所周知、浮夸不羁的态度。诺埃尔·科沃德既是作曲家、歌唱家、剧作家，也是演员、作家、资深旅行家。

科沃德的魅力是那种强有力、夸张而古怪的，让许多遇到他的人都印象深刻。有人甚至想去模仿科沃德，但尽力模仿的结果，却像东施效颦一样让人沮丧。不过科沃德在回忆录中写到，筋疲力尽的士兵和反应迟钝的同行旅客，却都认为他那不同寻常的魅力毫无吸引力。有时科沃德想幽默一把，结果却令他非常失望，因为对方根本不知道他想表达什么。

如同诺埃尔·科沃德的例子，每一个沟通情形都包括以下要素。

● 目的和受众

就提升魅力值而言，这就像一枚硬币的正反两面。想要提升魅力值，重要的是在最开始你需要知道想要获得怎样的魅力，以及在谁面前展现魅力。

愿景驱动

“没有执行力的愿景就是幻想。”

——托马斯·爱迪生

如果说具有强烈人格魅力的人有什么共同点，那一定是老布什总统所称的“愿景”。说到“愿景”时老布什甚是悲伤，因为他知道自己非常缺乏愿景和魅力。

愿景常常带来超凡魅力。拥有愿景的人心中会以某种形式浮现栩栩如生的画面，呈现出自己想要些什么。

愿景之于詹姆斯·沃森，这位 DNA 的共同发现者，就是在耄耋之年找到治疗癌症的一剂良药；愿景之于亚历山大大帝，就是征服整个世界；愿景之于弗罗伦斯·南丁格尔，就是一生奉献于阻止战后不必要的死亡；愿景之于圣女贞德，就是为法国不受英国统治而毕生战斗，哪怕最终牺牲。

奥斯卡·王尔德渴望最大限度地自我标榜，尽管真实程度不及于此，但自我标榜无疑赋予了他不可否认的魅力。王尔德声称他从来没有戴过一朵百合花走在伦敦街头，但能让全世界都相信他这么做了，这本身就是一个很不容易的壮举。

“我有一个梦想”是马丁·路德·金表达愿景的著名宣言。同时期，肯尼迪总统大声宣布了他史诗般的雄心壮志，也是全美国人民的挑战——“美国将在十年之内登陆月球”，强有力的画面感扑面而来。

愿景就是魅力的燃料。愿景越大，魅力之火越旺，可口吐莲花、心潮澎湃，分外引人入胜。

愿景是相当宏大的表达，意指“知道自己想要什么”。

事实上，愿景是相当宏大的表达，意指“知道自己想要什么”。乔治·布什对愿景嗤之以鼻，这源于他一位朋友的建议：去戴维营（总统的度假胜地）做决定比较明智，在那儿看看将把国家引领至何方。

要加强魅力，你需要精炼燃料：你的目的。为了明白通过自己的魅力想达成什么目标，以下两点会有所帮助：

- 决定在别人眼中成为怎样的人
- 发觉你在别人眼中其实是怎样的人

在别人眼中想成为怎样的人

在日常生活中，许多人选择戴上面具，不让别人看到面具之后真实的自己。面具遮盖了真正的思想，掩饰了唯恐被他人看到自己准备得不充分，或是交流主旨的不明确。

在增强魅力的道路上，你可能需要探索自己那副特别的面具看起来是怎样的，面具后面的真实面貌又是什么样的。不妨尝试下面的方法：解密面具背后的真实。

解密面具背后真实的方法

1. 首先，思考在别人眼中想成为怎样的人。

2. 在后边的表格左栏，写上 5 ～ 8 项描述性的词汇。例如：

开心、勇敢、准时、自始至终、乐于奉献、幽默、诚实、有序、聪明、体贴、厚颜无耻、热情奔放等。

3. 仔细思考你选择的描述性词汇。

4. 接下来，思考并写出害怕别人眼中的自己是怎样的，如：无情、野心勃勃、滑稽、粗心、粗鲁、笨拙、不守时、不成熟等。

5. 两栏一起看，它们揭示了你什么爱好和恐惧呢？觉得描述得准确吗？哪个最令人满意，哪个又令人最不满意呢？

6. 有令你惊讶的描述吗？

想成为别人眼中怎样的人	害怕别人眼中的自己是怎样的

7. 这两栏列举的词汇你觉得有多准？

因为人们会在真实生活中与你接触，可以给你提供重要的真实反馈。例如，你觉得在别人眼中，自己是安静且体贴的，然而你身边的人却将你描述为冷漠且无情的。相反，你可能认为自己是滑稽且肤浅的，然而真实生活中，人们却觉得你严肃且体贴。

魅力评级

要精练魅力目的，来检测魅力等级，看看他人怎样评价。

魅力评级需要系统收集别人对你的客观评价，而非对你魅力印象的推测。寻找这类信息可能令人不悦，但这不失为巩固魅力目的的一种方法。

另一种方法或许就是参加一个魅力主题的工作坊，你也将得到对发展需求的真实反馈。

这里提到的快速事实算法会用到七种基本特性，这七种特性在有强烈影响力的人身上再常见不过了。我们大家将在余下的书中一起探索这些特性。

为了做好魅力评级，你需要找到自己信任的人，了解他们眼中的你。如果你能克服本能不愿意的情绪，会发现人们是很乐意帮助你的，你就会从反馈的结果中获益颇丰。

想要提升魅力值没有什么好羞愧的。你去找人反馈时，也许不用说得过于明白，相反你可以说“我想提升他人对我的印象”。

第一，完成后文的调查问卷，然后将自己的魅力评级和他人的反馈做比较。

第二，挑选你认识且信任的 5 个人，他们能给你坦率的回答。将下面的调查问卷发给他们。整个问卷调查过程包括结果分析，均可在网络上完成，请联系梅纳德·利联合公司（Maynard Leigh Associates）。

快速事实算法

挖掘人们对我的印象是怎样的，请尽量真实地为我打分，分数从 1 ～ 10。在选择分数下打钩。1= 低，10= 高。

	1	2	3	4	5	6	7	8	9	10
流畅——口才好，说话流利										
自信——愿意接受不同的观点，乐于接受挑战，不会太过于自我保护，能流露本性										
存在感——对当前情况保持警惕，举止端庄、身材姣好										
真诚——做真实的自己，不虚荣，可信赖，靠得住										
勇敢——勇于与众不同，敢于挑战与质疑，可跳出思维圈子进行思考，敢于冒险										
热情——愿意分享个人价值观，精力充沛、敢于担当、热情四射、感染力强										
仪态——身姿挺拔、姿态优美、时髦有型、与众不同										
与人打交道时，上述哪点比较有用？ 与人打交道时，上述哪点不太有用？（诚实回答，我保证不会沮丧！）										

请将完成的调查问卷寄还。

分析评分

在收集好完成的调查问卷后，可按照以下步骤操作：

1. 每份完成的调查问卷所得分值由每列分数相加所得。例如在第三栏打钩，则算作 3 分。每份调查问卷最高得分可为 70 分（7 × 10）。

2. 将分数除以 70，再乘以 100，则可得到你的魅力评分。

例如：

得分：　45

最大值：　70

魅力评分 = 45/70 × 100=64

3. 如果有 5 人完成了调查问卷，将所有分数相加，再除以最大值的相应倍数：

例如：

5 人得分：　200

最大值：　350（5 × 70）

魅力评分 = 200/350 × 100=57

魅力评分说明

你可能获得魅力评分的最高分数是 100，能得到这个分数想必是震惊四座了，但鲜有人能达到。

超过 75 分说明你已经很有魅力，可能需要集中精力巩固自己特有的强项。

低于 75 分则建议你各个击破魅力问卷中挑选的部分模块，包括强项和弱项。

接着，再看看末尾的两个开放式问题。你能在不同的答案当中发现任何共同的主题和模式吗？

仅仅通过一种方法并不能让人获得较高的魅力评分，例如：一直微笑、拥有高贵的风度、进行眼神交流、具有雄辩的口才等。相反，一个好的评分来源于不同行为和特性的独特混合。这就像是一个艺术家调色板上的不同色彩。

如果你的魅力评分结果并不出彩，也不必毫无意义地惩罚自己。这仅仅是一套方法，回答了关于魅力目的、魅力优势和发展需要等重要问题。

强化魅力目的

我们现在已能够比较容易理解什么是魅力目的了，就是你出现在公众前想要获得什么。前面的文章提到过，“打开”和“关闭”天生魅力的开关是完全有可能的。为读这本书而腾出时间，了解想取得的目标，为什么这对你而言很重要呢？同理，每次和人们打交道，你都要有一个特殊目的，这也很重要。

不论你选择怎样的目的，它都应该影响你的所作所为。

不论你选择怎样的目的，它都应该影响你的所作所为。从他人那里得到的反馈会以某种形式进一步修正目的。幸运的是，你仍可控制自己的行为，只要你愿意，就可以选择改变。

你的个性是自成一派且与众不同的。如果去尝试仿效麦当娜，装扮曼德拉，模仿史蒂夫·乔布斯，甚至复制自己的老板以产生影响力，你很有可能会失败。这就是为何 A-B-C 法如此重视成为你自己的原因。你可以简单地改变这种方法，在多种情形下用于满足特殊的需求。

如果你没有愿景或基本的魅力目的，那么这也就能解释为什么你的影响力与应有的水平不相匹配。例如，如果你不清楚想要在与老板一对一的会谈中得到什么，就可能出现含混的信息，令人困惑。

在这样的场合下，若想要留下强有力且令人记忆深刻的印象，试着弄清：

目的—障碍—解决办法

- 目的：我想要取得怎样的影响和结果？
- 障碍：在达到目的的过程中会有什么障碍？
- 解决办法：我如何克服这些障碍？

销售员将此方法作为发掘客户并寻找克服障碍的解决办法。

颇具魅力之人很善于确定自己的交流目的，即使他们并不会用这些术语来表达。不管是否意识到，他们都能制订特定目标，然后想象他人如何反馈。他们为达到目标会选择更加有效的信息和行为。

你大致的魅力目的或许可以令人印象深刻，让顾客购买你的服务，让人们洗耳恭听你的意见，提高你在公司的声望等。但是，这些都不是具体的结果。因此我们需要将其再细分。例如，在即将召开的会议上可能得到以下不错的结果：

- 客户在合同的虚线上签名。

● 每个人都站起来鼓掌。

● 在门口你能收获一个温暖欢快的握手。

● 你赢得下周二便开启项目的承诺。

● 你可以着手购买一个新的复印机。

● 至少有 10 位志愿者自告奋勇来参与。

● 客户答应下个月再次会面。

● 这次会议后，你至少能获得 5 位潜在客户。

注意这些表述不是笼统而是具体的结果。它们能够“引导”魅力，达到你想要的目的。在会议这个特殊的情景下，以上描述便是运用你的人格魅力所能达到的。结果具象化可更容易地发挥魅力产生的影响。

人们总是简单地认为魅力是“作用”在大家身上的，而不是取得一个自己满意的结果。

试着做做下列阐明目的的练习。当然，你不需事事都要进行这么细致的分析，聚焦在可产生强烈个人影响的重要事件即可。

弄清目的可更容易地释放魅力、达到目标。

阐明魅力目的的方法

在后面的表格中。

● 写下工作中特殊情景的名称，在该情景下，你希望发挥更大作用。这可能是与你老板交谈的小组会议，可能是与客户见面，也可能是一通电话，无论是什么都行。

● 你想取得什么具体的结果呢？试着从别人的角度进行思考——他们会写什么呢？

● 描述“成功”看起来、听起来、感觉起来是怎样的。

尽可能详细地完成下列表格。

情景	具体结果	“成功”看起来或感觉起来是怎样的	障碍
例如：我们的常规例会	例如：人们能倾听我的意见并重视	例如：在小组会议上，其他组员能认真讨论我提出的建议，对我也很尊重	例如：组员容易随意打断我
在此处加上你的例子			

你的意图有多清晰？能再清晰一些吗？

你如何处理过程中的障碍？

以上方法可帮助你描述成功的魅力影响看起来、感觉起来是怎样的。问问自己：“我怎样能识别成功呢？”

尝试强化魅力目的，将其精简至仅有报纸头条新闻一般的长度，高度概括你希望运用魅力而取得的成就。

一个具体的魅力目的看似和我们所谓极致魅力带来的“神奇”效果相距甚远。但事实上，这些富有极致魅力的人通常清晰地知道自己想要的结果，而且明白如何获得。

制作一部内心电影

想象一下你期待已久的特殊之事即将来临，例如向顶级团队做演示，或见一个新客户，或与你家小孩的老师交谈。

但是另一个实用的方法就是为你想要取得的结果设计一个故事或是一部内心电影，有开头、经过和结局。像跑马灯一般将电影在头脑中过一遍。

假设收到一封工作邮件，请你加入一个振奋人心的新项目，你想要赢得经理的认可。这部内心电影可能如下编排：

开头：

我微笑地走进经理办公室。

我坐在常坐的椅子上。

我感觉很放松。

经过：

我向经理阐述项目给她和公司会带来哪些好处。她饶有兴趣地听着，多次说“是的”。

看到经理微笑或点头时，我就提出一个可能开始的日期。

她很快同意了在某一天开始项目。

我微笑致谢。

结局：

我起身离开，脸上仍然挂着笑容。

我走到门边，转身说再见。

我看见经理也微笑回应。

即使这个场景感觉可能不会实现，也不用太担心。例如，事实上可能你的经理不苟言笑，或是倾听、表现出兴趣的时间很少。

就把这部内心电影在头脑里过着即可，不断想象想要的完美结果。可以以黑白电影、彩色电影、无声电影、墙上纪录片的形式来看这部内心电影。甚至在你真正身处经理办公室时“观看”几次。

这并不需要你成为一个视觉异禀之人，才能创造这类的内心场景，你只需要做做白日梦即可。要允许心中一点点一片片构建起这个故事，直到情景浮现，得以描述你期望发生的事。

你越是经常在内心演示场景，它们就越能调试得更好，魅力则能更好地呈现。你的魅力并非是脱离主体单独存在，不论你想达到什么目标，它均需与之相融合。内心电影就是帮助梦想实现的一种途径。

不断将魅力目的可视化看起来似造空中楼阁，但据可靠研究表明这些内心练习真的能影响事实。头脑里跑马灯般过电影能直接影响你的所作所为，包括肢体语言，从而最终影响魅力值。

尝试前，不要轻易认为在帮助打造更强有力的个人影响力方面，内心电影和其作用效果不佳，此法真的行之有效！

解决多重目的

在阐述个人影响目的的早期练习中，你仅选择了一个标题用于细节分析。当然在现实生活中，或许要平衡几个完全不同的主题。例如，你可能希望运用自身魅力对老板产生更深的影响力，提高在团队中的威望，与一位客户建立长期联系，从一位同事那里获得某方面的协议，等等。

尽管多重目的可以相互协调，但这样会使魅力能量聚集变得困难。同时尝试争取所有目标会稀释而非加强魅力影响力。

既然多重魅力目的会让人分心，那么我们要尝试按照重要性将其分级：

1. 列出每个魅力目的。

2. 按照重要性，将目的从高到低排列。

3. 优先解决选择排在第一位的目的，再依据下个次要目的来行动，依次类推。

魅力目的	排列（1= 高）
对老板产生更深的影响力	2
提高在团队中的威望	3
与客户建立联系	1
获得新项目协议	4

“我一直想成为某一个人，但现在才意识到，这本应更加具体。”

——演员莉莉·汤普琳

第二部分　做自己

七大重要魅力行为

发展魅力 A-B-C 法的下一部分涵盖了七大重要魅力行为：

- 流畅
- 自信
- 存在感
- 真诚
- 勇敢
- 热情
- 仪态

这一部分提供了调整、发展以上行为的方法，这样你的沟通就变得更加有效，留下你希望留下的印象。

第三章　流畅

“我希望自己能伶牙俐齿、巧舌如簧。”莎士比亚《李尔王》中的科迪莉亚意识到自己说服力不足时说道。有强烈魅力的人往往能言善辩，无论你称之为油嘴滑舌，还是会说话。个人内在以及常有的外在成功，还有许多公司通常都需要某种特定的言语方式。

现在，在工作中能够流畅表达是必备条件。

流畅并不仅仅指的是在公众场合说话，尽管这一点也非常重要。现在，在工作中能流畅表达是必备条件。为了增强魅力，你可能需要更好灵活掌握词汇、短语、想法、价值观、问题、感觉，以及一般沟通所需技巧。

由于沟通是一件双向的事情，你所传达的信息也需要有其他人去接收。只有对方能接收信息，你才算清楚地表达了自己。

● 如果对方没有听清，那么相当于你什么也没说。

● 阅读：阅读文笔上乘之书，挑战词汇量，去找并不知道的词汇，并指出其含义。

● 参加课程：探索艺术、音乐、戏剧、文学、语言、哲学、科学和心理学的主题，这些主题的课程可提供看待、表达观点的新方法。

● 聆听：抓住一切机会去聆听表达能力好的人如何说话，但要剔除政治家、运动员和其他名人，因为他们中的大多数只会重复些陈词滥调。

● 谈话：找到可进行深思熟虑、对内心有挑战的谈话方法。

将复杂问题简单化

几乎每个人都能让一个主题变得复杂，即便这个主题是简单的“如何沏好一杯茶”。

“伟大的领导常常是伟大的简化者，能够单刀直入去探讨、争论以及质疑，提供众人易懂的解决方式。”美国将军科林·鲍威尔评论道。因为人类平均注意力集中的时间仅能维持 15 秒甚至更短的时间，所以我们需要快速传达信息并让人理解。几乎每个人都能让一个主题变得复杂，即便这个主题是简单的“如何沏好一杯茶”，英国官方指南在这个主题上竟写了 6 页！

颇具魅力者能够意识到减少复杂，决心简化信息的重要性，明白这样做人们才能更好地理解自己。例如，鲜有人能了解什么是生物技术，但是这并不能妨碍加来道雄博士向大家提起这个话题，他是顶尖的理论物理学家、未来主义者以及电视主持人。而且加来道雄博士还让我们大部分人广泛了解了生物技术是怎么一回事。

最糟糕的是，反简洁主义人士却常常是受人高度赞扬的专业人士，他们往往需要靠晦涩难懂的语言去将论点发展壮大，广受褒奖。出于这种考虑，金融服务公司ING直销银行特意招聘了一些能挑战现状的非银行家。该公司知道轻车熟路会导致目光短浅，而相关专家很少会以顾客看待事物的方式来思考。

将复杂的概念简单化意味着让行话术语得以匹配简单的话语。尽管行话在专业人士之间是很好的速记语，但是即使在知识渊博的同事之间使用行话也有可能减少个人影响力。

● 如果希望简洁，就需避免行话。

另一个简化的方法是阐述“大概念”。由此可以克服技术的复杂性，展示背后的问题。电影导演塞西尔·B.戴米尔曾总结他的流行大片《萨姆森和达利亚》：“一个男孩遇见了一个女孩，这是怎样的一个男孩啊，这是怎样的一个女孩啊！”

没多久，超简之风就征服了好莱坞，每个人都想用简单的三言两语概括一部电影的主旨大意。

● 一个女孩遇见了另一个女孩，她们把车开下了悬崖。

● 火星人征服了世界，却因一种病毒而灭亡。

● 一条可人的小鱼找不到父母了，而后又寻找到了。

尝试背面的简化方法。

令人信服地进行沟通

如果英国政府的首席科学家坐在英国首相的对面，谈到国家需要扩大使用核能，那么作为一位独立顾问，这位首席科学家说话的分量可就比英国核能燃料有限公司的领导推动同一件事的分量要重多了。不过，一个人的话能否具有说服力仅部分取决于扮演的角色和从事的工作。根据对高利润公司的成功领导者的研究表明，他们其中有许多人魅力未必那么大，但是他们说起话来掷地有声、令人信服。

简化方法

下列方法比较有趣，可以帮你练习提炼的能力，看看下列电影你有多少可以用简单的一句话来概括。

电影	阐述
《黑客帝国》	
《指环王》（任何一部）	
《教父》	
《低俗小说》	
《大白鲨》	
《终结者》	
《异形》	
《搏击俱乐部》	
《呼啸山庄》	
《风月俏佳人》	

或选 6 部你熟知的电影，并写出一句话总结。

信服

人们只有展现出对有趣之物的热情或激情，才能很好地提高说服力。在交谈开始时，说些让人兴奋或让人感兴趣的事可以较好地提高说服力。

如果你自己都不能信服自己想说的话，为什么别人会相信呢？尝试将你传达的信息分解成几个小块，看看是否能发现其中的一些能充分燃起你的兴趣或热情。例如，假设你必须和客户谈起公司的新产品，但你对新产品又不感冒。不要求自己做到最好，只需要找找关于产品中你的确觉得有意思、有说服力的点，不论这个点有多小，然后聚焦在这个点上。

- 要说服他人，首先要说服自己。

内容

尽管真实的话语在达成说服力方面只起到一部分作用，但是言语信息的内容却能潜在影响可信度。

- 你呈现了足够多的事实用于支撑观点了吗？
- 你说话是否有逻辑性，易于理解吗？
- 内容足够简洁让人们能够易于接收吗？

用事实和切实的证据来加强观点。

例如，在工作面试中，为了避免听起来过于自负，你能够用充实的证据展示以前的工作经验吗？是否有实例、统计数据、专家推荐，或证明来支撑观点？或者与你老板讨论某些议题时，你能够常常用确凿的事实来支持观点，而非主要依赖主观臆断？在小组会议中，运用事实和切实的证据来加强观点。加强观点意味着你需要腾出比现在允许的更多时间来准备，因为尤其是在正式演讲中，不充分的准备就像阿喀琉斯之踵，会给人留下致命一击。

说话有逻辑性，易于理解，将提高你对他人的影响。大多数人的注意力跨度短，通常只能记住语言交谈中的两三点而已。因此，呈现信息的真实顺序很重要。

- 听起来有说服力的关键在于首先要给人最重要的信息。

将信息打造得栩栩如生

说话流畅之人常常运用富有创造性的词汇来加强影响力。花旗银行老板查克·普林斯谈到董事会内可能存在的差异："我们还在摇摆呢。"一幅难忘的视觉画面是打造魅力的重要部分。

汉斯·罗斯林教授在 TED 上做过一个非常著名的演讲，网上有 50 万位观众观看。为了说明万事皆有可能，也就是证明现在的世界更加美好，汉斯·罗斯林教授在演讲结束时竟然吞下了一把巨大的铁剑。（请浏览 www.gapminder.org）

暗喻和明喻

暗喻和明喻在人们心中描绘的画面是令人难忘的，因为它们将一个事物形象地描绘成另一个事物。暗喻和明喻帮助阐释概念上的意义，传递复杂的信息，提供共享的认知，让我们能使用语言的速记法。暗喻的例子有：

- 这个家庭的价值观是坚硬的磐石。
- 在那个团队中有一些烂苹果。
- 这一次，我们要对速度的限制重拳出击。

你可能会将暗喻与诗歌、文学和艺术联系起来，但是我们常常会无意识地在日常对话中使用暗喻。因为暗喻能够有效快速地传递概念性的信息，暗喻已经融入英语这一语言之中。李·艾柯卡首席执行官在努力拯救克莱斯勒汽车公司时，他谨慎地向美国政府请求的是“安全保障”，而非“一揽子救援计划”，这样公司就不需要解雇很多员工。

明喻会使用“如”或“像”等词汇来将某物比作某物，如：

- 他心肠像铁石一样硬。
- 她身体像老靴子一样硬朗。
- 你给我像上了发条一样，每周二出现在这儿。

如果你有一个主意或是信息想传递给同事，可尝试选择完全没有关联的物体或行为。例如，你想向你的团队推荐一个新活动，同时也享受水上漂流，这两者之间能搭上什么联系呢？尽管联系微弱，但是一旦搭上联系，就能产生一些令人难忘又具有说服力的词汇。

清晰响亮地说话

我们对自己的声音太习以为常了，因此很少关心自己说话时听起来是怎样的。这就是为什么我们虽会有很多随意且低水平的交流，却大多还未被注意。朋友看起来能够轻易理解我们，接受我们的本来面目，我们的声音本来听起来如何。但是要获得魅力就需要注意自己说话的内容和方式，这包括：

- 发音——是否能够清晰吐词造句。
- 音高——声音有多高或多低。
- 音量——他人是否能听到你的声音。
- 音调——声音传达什么样的心情，如友善、愤怒等。

● 语速——讲话速度有多快。

发音

人们说话不清晰的其中一个原因在于他们并未仔细检查信息的接收方，而眼神交流真的能帮助发音。

眼神交流真的能帮助发音。

如果你足够勇敢，愿意去获取反馈，则可检验自己是否说话清晰。一种方法就是记录自己说的话，带上挑剔的态度去倾听，辨别自己的言谈是否清晰、利落、简单易懂。或者交谈过后，可以问问别人自己说话清晰与否。做到这点是需要勇气的，但是这也能给你需要的信息。

你还可以试试下面这些方法：

● 对着镜子说话，观察自己，对自己说话声音的第一印象是什么？

● 练习清晰吐词。雅典演说家狄摩西尼为了提高演讲的清晰度，把一块小石头含在嘴里，练到即使有石头，大家也能听清他说的话。若说含着石头练习有吞下去的风险，那么试试把一只铅笔横放在嘴里，来迫使自己更加清晰地吐词。（注意不要因此窒息了！）

● 练习较为缓慢地说话。交谈时多空出 1 ～ 2 秒的时间，这样你的谈吐能真正帮助你提升个人影响力。停顿也能够起到作用，能帮助听者消化你所说的内容。

清晰的交流非常重要，当然你完全可以依靠自己来提高，也可以花些时间由专业的声音教练提供帮助。

声音练习法

1. 咧嘴微笑着读出下列语句：

“团队做得非常好，我们已经达到了所有设定的目标。我们正朝着打破月纪录的目标迈进。干得好！”

2. 现在眉头紧皱，咬牙切齿地读着同样一段话。

3. 注意面部表情如何改变信息传达的声音。

音高

魅力薄弱之人往往未意识到自己说话音调几乎无变化。无趣的声音多产生于这几个常见的原因：枯燥无味的内容、过分依赖讲话稿、听起来木木的、声音不悦耳。

仅大声阅读展示内容一定显得非常呆滞，使声音听起来魅力全失，单调乏味。即使是再伟大的演员，若要求他们全程照着稿子念，还得做到有声有色，他们也会觉得这太有挑战性了。

要让音高有所变化，需要让身体动一动，这个方法真的有效！下面还有其他办法：

- 呼吸更加绵长、放松。
- 依靠重要的词汇，给它们赋予能量。
- 对所讲之言注入更多情绪。
- 在陈述句和疑问句的末尾加强语气。

同样，这也是对个人提高而言比较复杂的一方面，一位合格的声音教练能帮助你更丰富有趣地传达信息。

音量

企业家卡伦·达尔比是个大人物，她曾将她的比较网站“轻松转换网”以 2200 万英镑售出。2007 年 10 月，《卫报》评论道：“卡伦·达尔比尽管就坐在一个只有两人的小房间，说起话来也好像有人在最远的角落，要确保他们听得清自己说话。”相反，美国著名作家、幽默大师多萝西·帕克故意说话很轻。为了听清她说的话，人们不得不将身体前倾靠向她，这样他们才能够体会到多萝西·帕克的讽刺智慧。擅长讽刺是多萝西·帕克留给世人的独特印象。多萝西·帕克选择轻言细语是因为她完全知道自己在做什么，如此这般便是为了集中人们的注意力。

说话声音太大或太小都会削弱魅力值。

说话声音太大或太小都会削弱魅力值，所以值得好好检查下你现有的音量控制得是太高还是太低。人们会常常让你大点声说话或重复说话内容吗？如果会的话，这就暗指你说话声音太小，即便你觉得自己声音听起来非常正常。

加强声音法

1. 站立起来，挺直身体。此举能使肺活量达到最大值，让隔膜不受限制。

2. 深呼吸，并让空气充满肺部。

3. 说话时好像空气能从胃部而出。

4. 平衡说话，不要让所有空气都在一个词汇上涌入，结果发出不受控制的怪叫声。好好深呼吸则可获得足够多的空气，保证平稳地说出整个句子。

要日益完善该技巧，需要时日多加练习。

如果你担心自己的声音刺耳难听，可以观察人们听你说话的反应，如果你说话时人们微微蹙眉，那就勇敢地直接询问值得信任的同事。

音量运用法

1. 轻声说出下列句子：

- 我没这么说过！
- 让我一个人待着。
- 把它给我。
- 从这里出去。
- 我现在就要它。

2. 注意下列句子加粗放大标注的词块，增加加粗词块的音量。

- 我没**这么**说过！
- 让我**一个人**待着。
- 把它**给**我。
- 从这里**出去**。
- **我**现在就**要**它。

注意所述意义随着音量变化而产生的改变。

音调

音调能够让别人知道你是友好的、愤怒的、快乐的，还是耐心的，等等。音调在建立个人影响力方面扮演着非常重要的角色。

不管英国前首相约翰·梅杰多努力地试着表现自己很放松，他在公众场合的发声听起来总是疏远陌生、令人窒息。如果你的声音一直告诉听众“你能听出我有多紧张吗？”，这就很难表现出欢快、自信、有说服力。

为了打造一个丰富柔和的声音，需要运用膈膜、声带，以及在嗓子、嘴和头部产生共鸣的声音量。我知道这说起来有一点复杂，这就是要师从一位声音专家获得帮助的原因了。

如果想尝试简单的音调法，不妨试试下面列举的其中一个方法。如果你觉得并未有效的话，可考虑寻求一些外界帮助。包括寻访一位合格的声音教练，或是在该领域有专业资质的人。好的声音教练有很多方法能让音调多样化，这样声音听起来会更具有音乐感，更引人入胜。

音调练习法

1. 发出连续且轻轻的哼哼声。

2. 将你的手轻柔地绕过脖子，好像手就是一个结。

3. 感受你脖子以及下巴下面的肌肉放松下来。

4. 用平常自然说话的声音说“嗯嗯、哼哼”。你应能感受到脸上以及放在脖子上手的震动。

5. 现在，仅发出“哼哼”的声音。持续感受“哼哼”在脸上带来的感觉。不要逼迫，让声音自然而然地从哼哼声中发出。如果哼哼声断了，说明呼吸连接中断。

6. 放松上半身，包括肩膀、脖子、不舒服的肌肉，你的声音听起来会更加柔和、动听。

语速

二手车销售员、政客、律师说出的话就像射出的子弹，语速很快。说话慢的人则慢条斯理，这样人们就能仔细咀嚼他们说的话。两种类型的人均尝试运用速度对其倾听者施加控制并希望增加影响力。

正常的交谈语言，声音都属于快速爆发，这就是为何说话慢一些往往能有效建立魅力值了。说话慢下来的方法包括：

● 多加一些停顿，给人们思考的时间。

● 传达的语速更加多样化，时而能够缓慢时而能够加速。

● 在真正说话时可减少能量，这样言语就能表达得更加顺畅，而非突兀。

如果你认为自己说话太慢，可以向你同事核实，因为事实上说话慢是宝贵的财富。说话增速的方法有：

● 在真正说话时可减少能量，这样言语就能出来得更加有爆发力。

● 在说话前做做声音练习以便做好准备活动，专业的演员、主持人几乎在准备过程中会一直这么做。

● 大声读出某种类型的清单，用秒表给自己计时。保持练习，直到能越来越快地读完清单。

恰当地使用沉默

产生强烈魅力的人会很快意识到他们可以积极使用沉默，留下思考的空间，让他人填满间隙。美国幽默大师乔西·比灵斯曾说道：“沉默是最难反驳的论辩。”

沉默能创造出一种开放和空旷之感。

沉默能为你自己和他人创造出一种开放和空旷之感。同样还能给他人留下为人庄重的印象。不去急匆匆地填满他人留下的沉默，你可以留给人们时间以思考，给他们以沉默形式的尊重。

然而，另一种完全不同类型的沉默却会有损你的魅力，显得野心勃勃、冷漠无情，或者仅仅是不够友好。能想象出你使用沉默作为武器的时候吗？有可能是在与朋友或是爱人争吵后？一旦意识到这点，解决起来就容易多了。你逐渐变得越来越警惕后，该模式的影响会变弱，因此可尝试下列方法：

- 意识到自己的沉默。
- 加强认识自己如何应对沉默。
- 努力与沉默更好地相处。
- 积极而非消极地运用沉默。

沉默练习法

1. 打电话给一个朋友，说你想做一个实验。

2. 向朋友解释你将看着表，保持沉默 15 秒，尝试一下。尽管你们两人都知道计划是什么，但是你会很惊讶保持沉默有多难。

3. 下一步，尝试面对面做同样的事情，这一次要保持一分钟，这次经历的感受如何？不舒服的迹象又有哪些？在沉默时，你会看着别人，还是会在一段时间内避免与他们对视呢？在沉默测验过程中，你是否会微笑、大笑或是制造出一些紧张的噪声呢？

4. 试着让自己为某个特定的目的运用沉默，例如，在一段交谈中产生印象或是得到反馈。

沉默运用得好，那么你会变得更善于观察，更为专注。积极的沉默意味着你的内心不会像一台高速运转的发动机去运转，相反内心会变得平静。你身边的人也会被这种平静所感染。

沉默也是让别人安静下来的好方法。例如，如果有人一直对你喋喋不休，根本没留喘气的时间，你可以运用沉默让谈话有一个自然、不痛不痒的结尾。你只要做到不给出积极的回应，如点头、产生面部表情，以及其他加强言语的行为即可。一般人们碰到这样空白的场景，都会在两分钟内停止说话，自己陷入沉默。

有魅力的经理们都能很自如地积极运用沉默，打造个人影响力，给他人说话留下空间。经理们能够通过沉默来提取信息，否则其他时刻很难获得。例如，眼前是一位表现欠佳的职员或者是大家认为仪态不端之人。

沉默运用得好，就可以从停顿中得到力量。在合适的地点合适的时机，一个停顿可以给你喘息的时间，来考虑接下来说的话，接收并消化听众给予的反馈。

交流能力强的领袖通常会仔细倾听说话者交流时的沉默。他们可以发觉热情的赞同、尖锐的反对或者无言的担忧。这种发觉来源于专注、真正的倾听和保持在线的状态。一旦做到，这位领袖往往不用说任何话，就能获得强烈的魅力。

“某人让我厌烦。我想这人就是我。”

——诗人、作家、剧作家狄兰·托马斯

第四章　自信

“如果一个人都不觉得自己精彩绝伦，凭什么指望别人会这么认为呢？”活泼俏皮的女演员梅·韦斯特问道。梅·韦斯特传奇般的自信并非从天而降，而是她靠努力得来的。

安东尼·霍华德是英国最为杰出的政治观察家之一，时不时会出现在电视上。他长了一张世人皆知的特别丑陋的脸。但是安东尼·霍华德展现出的自信很快就会让你忘记他的长相，他在说话时会给人们留下深刻的印象。

自信在创造魅力时有着举足轻重的作用。

自信在创造魅力时有着举足轻重的作用，“是取得伟大事业的首位必要条件”。塞缪尔·约翰逊说道。塞缪尔·约翰逊是英国最闪耀最杰出，同时也是方为人知的丑人之一。

自信传递力量，力量又能影响人们的看法、感知和行为。散发自信的你比看起来缺乏自信的人更有可能产生强大的影响力。

即便是温斯顿·丘吉尔也不是一直对自己非常自信，他也会向其妻子克莱门汀痛苦地抱怨：尽管身为首相，但是他觉得准备得并不充分，与重要人物尤其是世界舞台上的“演员们”打起交道来也不能发挥其强烈的影响力。就该例子而言，丘吉尔是多么强大的一个人物，他的魅力值以及众人对他所抱的期望帮助他掩饰了偶尔的不自信。

有时，内在所具有的自信和外在传达给他人的自信还是有所差异的。例如，即便是最棒的舞台演员，也会承认扮演重要角色时，会存在自我质疑，缺乏自信。但是一旦登台，我们永远看不出他们内心的不确定。

不过，在大部分情况下，内在的笃定和外在的结果往往有密切的联系。正如一位评论员所说：“如果你认为自己自信，那么你就自信；如果你不认为自己自信，即便拥有了自信也是枉然。”

持久的自信来源于练习，同时又能培养出新的本领（能力），反过来竞争力又能让你对自己更加确信（自信）。

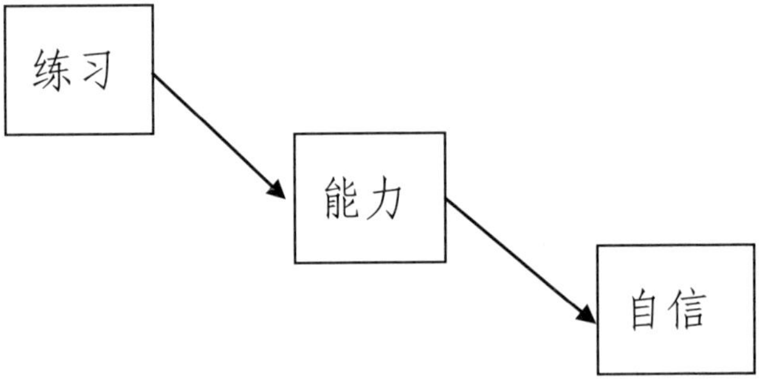

自信往往显现在姿态和其他不太明显的行为中，像是细微的身体语言信号。例如，他人这样评价你：

- 放松而非僵硬。
- 非常灵活，声音和活动跨度很广。

● 有掌控感，身形既不摇摆也不笨拙

● 目的清晰。

你可练习上述所有步骤，例如，对目的有更加清晰的了解，对身体语言有更多的认识。也可看看第九章的仪态主题。

自信元素

● 目的：建立一个坚定的、清晰的目的，知道自己想要取得怎样的结果，充分了解自己的目的。

● 放松：做出一个舒展的身体姿势，暗示自己已为任何事情都做好了准备。

● 声音：培养动听、自信、富有变化的声音。

● 开放式问题：使用开放式问题让他人参与进来，避免简单地回答“是”或“否”这类确定性答案。在开放式问题后跟进合适的评论以及更多问题。

● 称呼为“你”的叙述：向他人直接对话，不是用责难的语气，而是对他人直接且确定地暗示，例如：“你同意吗？”“你感觉如何？”

● 避免无力的语言：含混不清的语言意味着缺乏说服力，让你听起来就像是一个受害者或者看起来过于妄自菲薄。

● 积极：在谈话进程中，首先展开对话，介绍能让他人参与进来的话题和观点。

● 直视别人的眼睛，保持长时间的眼神交流，传达出“我很自信，对你很感兴趣”的信息。

表现得好像

表现得好像人们很想听你说的话。

表现得好像他人很开心见到你，那么别人很有可能也会这么感觉。表现得好像人们很想听你说的话，人们就会倾向于这么做。表现得好像人们尊重你，他们也会尊重你。最终，表现不再单纯为表现。

“表现得好像”原则上要求投入大部分注意力在他人或组员身上。如果简单拒绝会给予自我怀疑的滋长空间，不要浪费精力去处理自我怀疑。

若表现得像受害者，且很确定的话，人们也会如此感知你。假设人们会忽略你，你就会很容易被忽略。想要有魅力，行为会常常指向一个选择：我的目的是什么？

- 人们对你的假设常常就是你对自己的假设：你的态度常常会从他人那里回弹到自己这儿。例如，如果你觉得团队成员可能会忽略你，最后团队成员会真的这么认为。如果你觉得自己毫无主见，人们也会这么看待你。把自己想象成魅力四射、聪明智慧、坚实可靠的人，最终人们也一定会这么看待你。

- 人们倾向于反射你现在的情绪状态：如果你很热情，那么他人也会变得热情；如果你在房间里表现得不够快乐的话，那么房间里的人也会受到感染；如果你对人感兴趣的话，那么人们也会倾向于对你感兴趣。

- 对人们的期待会影响他们真实的行为：如果你认为你老板恨你的话，很有可能他们最后会真的恨你；如果你没有期望人们坐着并注意到你的到来，他们会得到相应信息，做出相应的反应。

这种自我实现的过程是如何奏效的呢？人们是会阅读你的内心还是什么？从某种程度而言，人们不需要使用心灵感应就可做到。相反，他们从你的教养、面部表情、姿势，还有其他身体语言传递出的许多审慎且隐藏的信息中可以读出。“表现得好像”积极，你就会情不自禁地发出产生影响的积极信息。

情形

这些内在的训练也能影响你如何处理交流方面的挑战：从在会议上发言到进入满是陌生人的房间，从与你老板会谈到在小组会议上提出一个议题。你要想象适合该场景的一整套体验。下列有三套不同的场景。

1. 成为一场聚会的主人：你想象一次活动里遇见的每个人都是举办聚会里的宾客，在与下一个人见面前给予前一位特殊的注意力。这是一个很棒的自信元素，因为你在自己举办的聚会上完全有能力这么做！

2. 保持好奇心：聚焦在一个目标上，如好奇为什么人们要选择参加一个会议。同样，你可以选择好奇人们在某个议题上的观点是什么或者他们是否有一双蓝眼睛。好奇的内容并不重要，只要你给自己一个目标去保持好奇心即可。此举可使思想外化并建立起交流。

3. 信息给予者：你接触每一个遇见之人时，都好像是在创造一个独特的机会去向他们传达重要信息。在和人们交谈时，你需要表现得好像人们很渴望听到你要传达的信息。

情绪智力

情绪智力（或称情商）就是意识到他人情绪上发生了什么，同时也知晓你的情绪是如何受到影响的。例如：低情商意味着你不会察觉自己已使得他人感到价值贬低、准备不充分、担惊受怕、愤怒、沮丧或内疚。

尽管能否增加普通人的智力人们一直有争论，但是情商是一定可以提高的。情商的高低之分取决于阅读社交动态的能力，或是说在交流的任何时候都知道发生了什么。

提高情商意味着你可以变得更善于社交，由此产生个人磁场。拥有磁场般的特点是所有人力所能及的事。你吸引人是因为人们认为你非常关注他们，用娱乐圈的话来说，重要的是观众而不是某一个人。

情商就像是一个特殊的雷达。

情商就像是一个特殊的雷达，去读懂场景，阐述他人的行为、目的、情感状态以及交流的意愿。问题在于，雷达有时会有盲点，我们可能会误读一个情况也可能完全没有读取到一条信息。例如，如果你随意走向某人，直接开启对话说公司有多么好，而不顾他人是否愿意做好倾听的准备，你就很有可能没有准确读取雷达。或者你所说的话让他人心烦意乱，并且你还未意识到这一点，那么雷达就会再次失效。

提高情商的方法

其他章节也会提到提高情商的各个方面，尤其是目的（第二章）、真诚（第六章）和存在感（第五章）。这里我们将聚焦情景意识力，也就是能够“阅读”情景雷达屏幕的能力。

帮助你阅读包括下列情形的有效工具：

- 空间：在该情形下的空间画面是什么？
- 行为：在该情形下你观察到了什么？
- 灵敏的感官活动：在该情形下发生了什么？

空间

人们待在一个空间里，你可以从他们的选择中读取很多信息。例如，下次参加会议你进入会议室时可以环视四周看看人们的座位是怎样分布的，他们是向前倾还是向外靠呢？在眼前的空间画面你又能得到什么样的暗示呢？

空间的安排看起来是有条不紊的、平静安宁的、警觉戒备的、勉强紧张的，还是例行公事的？人们看起来是轻松舒适的，还是坐立不安的？气氛看起来是热情欢迎的，还是相反呢？谁坐在哪儿，又是为何呢？例如，是否长者经常坐在桌子的一头呢？画面里，哪里是最适合你待的地方，这又是为什么呢？

下次进入某人的办公室时，可近距离看看空间的布置。办公室设计的布置有强调主人的权力吗？是促进还是制止交流，或者鼓励还是阻拦亲密感呢？从空间布置上还能读出别的信息吗？

行为

运用情商可让你近距离观察他人的行为，有意识地看到各种情形下非语言信息，包括身体姿态、运动、手势、面部表情、声音的音高和音调等。这些暗示了曾识别的所有信息，然后你必须弄清它们背后的含义。例如，房间的人们发出的是顺从的还是权威的信号呢？谁又接触了谁？第一个或最后一个进入房间的又是谁？

尝试看电视或电影时把声音关掉，然后观察没有语言时，人们是如何运动和交流的。有经验的扑克玩家常常依赖这类观察来“阅读”他们的对手。

灵敏的感官活动：发生了什么？

此项已不局限在明显的行为里了，我们需要对不明显的因素警醒待之，这些因素将告诉你人们是如何感受以及思考的。例如，可观察人们的呼吸——他们呼吸是浅是深？呼吸很快还是显然很镇定？

看看一些自然而然的迹象，比如有人脸色苍白。

看看一些自然而然的迹象，比如有人脸色苍白，这告诉了你人们内心的波澜是怎样的呢？又例如，如果一个人看起来面红耳赤，这是象征了不赞同、愤怒还是尴尬呢？

最后，评估人们的精力水平，精力旺盛还是低迷？在上升还是在下降？精力水平变化的暗示可能来源于许多方面，如身体姿态、眼神交流、手脚运动，等等。

“即使你处在一个觉得不舒服或不得其所的情况下，不要尝试逆流而上。改变方向，找到并跟随流向。”

——电视主持人奥普拉·温弗瑞

魅力通常与自信形影相随，尽管两者的属性并不完全一致，但是很难想象拥有魅力之人不会散发出强烈的自信。仅仅因为自信并不意味着你自然而然就魅力十足。同样，这些有魅力之人也可能需要努力将自信融入他们的生活当中。不安全感可能会隐藏在背后，就像一块黑云一样，例如不安全感之于玛丽莲·梦露就是如此。

尽管有的人魅力十足，许多人仍发现偶尔自己也会丢失铁铸般坚强的自信。女演员薇诺娜·瑞德曾承认在和前未婚夫约翰尼·德普分手后非常沮丧，而约翰尼·德普也饱受焦虑症的折磨。其他有过自信心崩溃这样精神状态的名人包括安东尼·霍普金斯、休·劳瑞、凯瑟琳·泽塔 - 琼斯、J.K. 罗琳、梅尔·吉布森、金·凯瑞和雪儿等。

真正自信的力量在于你散发自信时自然而然地将积极的情绪传递给他人，而他人又能很快地感知到你的心情状态，并且会无意识地将情绪反射给你。这便成为了一个相互加强的过程，让每个人都会有更好的感受，这点也是魅力的重要条件之一。

通过练习，你可以建立起自信。也许你拥有超高的智商，诙谐戏谑的天赋，又或是惊为天人的面孔，但是可能你仍不够自信。

自信有许多方面，你需要去探索什么能够增强自信，又有什么会减弱自信。

你并不仅仅局限在个性、身体或者心灵当中。你也是世界的一部分，世界里充满着瞬息万变的机会和场景。如果自信对你来说也举足轻重的话，为了增强魅力，不妨多投入点时间去探索这里描述的一些方法，从而打下更坚实的基础，利用每一个你觉得不够自信的情形，将其作为一个改变方向、尝试新事物的有用平台。

第五章　存在感

在电影《爵士春秋》中，主角在每一天开始时都会紧紧地盯着一面镜子。他抖擞精神，坚决又有些激情，大声宣布道："是时候表演了！"这是他变得有存在感，提高存在意识，"打开"自己魅力开关的一种方式。

尽管你可能不需要天天提醒自己，但是确实需要去找到适合自己的一种方式去开启存在感，这是增强魅力的重要一环。

存在感需要在"每时每地"中展现。

存在感需要集中精力，在"每时每地"中展现。主要呈以下两种方式：

- 对自己周遭的环境非常有警觉性。
- 感官意识高度敏锐。

这一类型的警觉性，对于与之联系的事物都有着巨大的影响，这也就能解释以上两种方式像高速马达一样全速运转时，为什么极致魅力看起来如此值得敬畏甚至难以达到。

但是你并不需要极致魅力来创造存在感，许多人通过采取以上两种方式的低配版就足够创造存在感了。

例如，彼特为其咨询公司中的客户提供信息技术行业的雇佣服务。在一个小组面对其他陌生人时，彼特似乎能够充分觉察到身边周围都发生了些什么，能毫无拘束地交谈，对每个人都投以温暖的微笑，用非常棒的眼神进行交流。有人淡漠地拒绝了彼特，他则会毫无愤恨地去与下一位进行交流，很快彼特就成为小组中的关键人物了。大家回到各自生活之后，不说全部至少大部分人想起彼特时，都觉得和他相处非常愉悦快乐。

彼特能很好地利用自己的存在感，他不会像一些极端的人一样，把存在感当作高毒气弹来覆盖。彼特的存在感非常自然，需要时就会出现，他完全怡然自得，知道自己是谁，什么对自己才是重要的。

在迈向更有魅力的旅途中，去探索与存在感之间的关系，进一步增强对存在感的意识。尝试下列提高存在感的方法。

提高存在感的方法

1. 完全笔直地坐在椅子上，保持警觉但又放松，眼睛看向前方。
2. 察觉自己的呼吸，聚焦在吸气呼气时身体的变化。
3. 使呼吸稍微缓慢下来，在吸入空气之后停顿五秒钟，然后呼出空气，将空气送至脚底。至少重复五次。
4. 保持脑袋和眼睛不动，开始注意眼周视觉范围，也就是指视觉边缘外有些什么事物。
5. 仔细注意倾听身边的声音。听听什么声音远，什么声音近，什么声音响亮，什么声音柔和，什么声音高，什么声音低，什么声音有规律，什么声音无规律。

6. 轻轻地嗅三四次空气。空气闻起来是什么样的呢？你是否注意到有特殊的味道呢？你是否喷了香水或用了须后水呢？尝试探测一下。

7. 将你的注意力转向自己的身体。试着意识到由短袜或长袜或鞋类带来的感官体验，你能否感受到身体的重量已经压向椅子。

8. 充分体验似乎缓慢下来的生活，即刻的压力正在退去，新的意识得以创造。

9. 最后，开始释放现在的紧张感，放松自己，得到一种更加熟悉的存在感。

如果你完全活在当下，则对周遭的事物会抱有警觉性，同时对于身边的氛围、隐藏的紧张感、期望甚至人们的所思所想又有着敏锐的意识。

中欧的一个小村落邀请著名大师来访，这位大师因其智慧而闻名。数周以来当地的犹太人群体都在讨论他们要向大师提出什么重要的问题，希望大师帮助他们解决怎样的冲突，又向他寻求什么样的建议。

最终大师到来，他进入房间，大家都聚集在一起欢迎他。他安静地站了会儿，变得非常有存在感。每个人都很期待他开口的第一句话。结果这位大师开始跳起舞蹈，他跳着跳着，很快每个人也都跟着跳起来了，直到筋疲力尽，动弹不得。随后大家又安静下来，气喘吁吁，这时大师微笑地环视四周，然后问道：“还有什么疑问吗？”

存在感可以让大家看见、听见、注意到、尊重和认可你。在许多提高存在感的方式当中，也许你会发现以下方式比较有帮助：存在感捷径密码、两种能量、精力充沛、提高自我意识。

存在感捷径密码

该方法在与人们交流前尤其是在正式展示场合中特别奏效。密码包括：

- 停顿
- 呼吸
- 观察
- 倾听
- 感受

这些行为可以让你变得更加警觉，提高对周围环境的意识，增加存在感。具体如下。

停顿：慢下来，不要着急开口说话。停顿能给予情绪上宝贵的时间。如果你很焦虑，停顿可以给你调整身体的时间，让想要呕吐的感觉得以平复。

呼吸：轻柔地深呼吸几次，保持胸部和肩部不动。在吸气最满时屏住呼吸，慢慢地数到5。重复以上步骤几次将减缓心跳，减少肾上腺素的释放，从而减少焦虑和兴奋之感。

观察：在一个小组中，说话之前与每个人都进行简短的眼神交流。这段安静和高要求的视觉练习带来的效果是惊人的，可传达出准确无误的存在感。在一个大组中，寻找一张熟悉或友好的脸庞。在众人间，与一些你选择的人继续进行眼神交流。观察时询问自己：我现在能观察到什么呢？继续观察不说话时听听你头脑里的答案。

如果你注意到人们在微笑，皱眉，看起来思想不集中，摆弄手机或是草草翻着报纸，这告诉了你他们的准备状态是怎样的。

倾听：倾听准备交流之人传递有用信息的声音。他们是焦躁不安、沉静不动还是暗示你他们准备好了，就等你开始呢？

感受：运用所有感官，包括天生的本能来探测身边发生了什么事情。充分运用各种感官来发觉细微的变化，这可能暗示在此刻如何进行最好的沟通。

美国幽默大师、作家马克·吐温曾在开始讲座前，长时间静静地注视着等待他的观众。他仔细研究着观众席，就像希望能够看着每一个人的眼睛。非常安静地过了差不多 10 分钟后，所有观众都自然而然地爆发出掌声。

马克·吐温最大化地使用了存在感捷径密码。他接触观众，进行深层次的交流，将存在感发挥到了极致。

运用两种能量

观察存在感明显的人，会发现即使他们完全笔直地坐着，也显得精力十足。他们利用了两种不同的能量：第一种能量来自肉体。无论随后发生什么，整个身体都会对此做出警觉的反应，这是从外部世界吸取的能量。而另外一种能量则来自心灵。你可以全身心地进入状态来挖掘这种能量，思考你是谁，你的价值观是怎样的，清晰地了解自己。尽管这听起来有点神秘、形而上学，但事实上摘掉脸上的面具，这样人们就能清楚地看到面具背后的你。

下列是利用体内能量的一些切实办法。

● 允许自己去感受，允许自己脆弱。不要去和紧张焦虑做斗争，告诉自己，向这个人或这些人敞开心扉是安全的。

● 想象自己身处一座城堡，放下吊桥，迈步出去，展现欢迎的姿势。

● 有意识地减缓呼吸的速率（见前面提到的存在感捷径密码）。

● 不要仅仅匆匆看一眼人群，而是将绝对的精力用于进行眼神交流，做好面部表情以及身体语言。在与他人进行交流时不用过于急躁，只要更加谨慎些即可。

● 提醒自己你的个人价值观是什么，以及价值观与当前这个特殊时刻之间的联系。如果你不确定自己的个人价值观是怎样的，那么尝试一下下面的价值观辨别方法。

价值观辨别方法

了解自己的个人价值观有助于提高自我意识、完善能量的内在表达以及提高存在感。

1. 列举在生活当中你所珍视以及对你最重要的事物。你对什么事怀有真正的热情呢？花时间思考一下。

2. 思考你怎样将价值观运用在生活当中。

3. 对将这些价值观运用在日常生活中的方法提出建议。

4. 选择一个最明显的个人价值观。你熟悉的人知道这个个人价值观吗？

将结果向一位密友或家庭成员展示。他们认可你所说的吗？

这些价值观在工作中又是怎样发挥影响的呢？

例如：

1. 我最珍视什么？我对什么事怀有真正的热情呢？

环境、公正、婚姻、创造力、健康。

2. 我怎样将价值观运用在日常生活中呢？

骑自行车去工作；积极参与当地的保护小组；是民间人权组织大赦国际的成员，可以很好地维持工作与生活的平衡；经常尝试一些新主意；每周锻炼；成为素食主义者。

信念积极清晰、精力充沛之人能够创造强大的存在感，而且极具说服力，不知何故，对他们而言，万事皆有可能，所有的障碍均可以克服。

精力充沛

有时你会看到人们在足球场上、网球比赛中和其他的竞技体育里精力并不充沛，耷拉着脑袋、身体萎靡、意志消沉，而这往往并不总是因筋疲力尽所致，有时只是因缺乏意志力而无法继续下去。

精力充沛之人往往散发着吸引人的磁场。大家都很喜欢与他们相处，因为他们的存在让生活充满活力。如果大家觉得你精力旺盛，那么他们会将你看作是一个活泼、积极、有生气的人。无论是微笑、大笑、表达乐观，还是眼界开阔、为人警觉，抑或是身体的种种姿态都能有助于传达饱满的精神。

精力充沛的部分缘由来自能量的运用。

精力充沛的部分缘由来自能量的运用，例如演员尽管有时会觉得情绪不高，甚至萎靡不振，但是他们学会了在上台之前储蓄能量，提高士气。你也许也需要这么做，特别关注自己是否充分运用了自己的能量。

提升自我意识

贯穿本书的主题就是增加魅力值。增加自我意识的方法包括探求隐藏于人们背后的你，倾听、信任直觉并联系能够激励你的人。

自我意识包含发掘你自己的哪些行为是如何真正减少魅力值的。

探索你的隐藏面

在你面具背后是一个怎样真正的自己。如果你很少花时间去长时间思考的话，那么去探索隐藏面或那些你自己并不怡人的一部分就变得很有挑战。既然如此，那何必麻烦呢？当然，你将自己的一部分遮遮掩掩，也许是出于一个好理由。这或许没错，但是如果这些隐藏的部分要么减损你的魅力值，要么可以增强，那探索它们将变得极具价值。

“那么隐藏的自己是怎样的呢？”你也许会问。当然这只有你自己能够回答这个问题，否则这也不是隐藏在背后了。下文有“挖掘隐藏自我的方法”，隐藏的自我大多可能由其中列举的元素所构成。

你尝试去建立存在感时会发生什么呢？例如，你会发现自己尝试像电影明星一样有着夸张的姿态以及高傲的行为吗？

挖掘隐藏自我的方法

1. 找到一处安静且不被打扰的地方。在你旁边放一本笔记本和一支钢笔。

2. 使用下列标题来激发思考，看看你能否写出一个或多个有关你自己和生活的例子？

- 荒诞无理的害怕
- 强烈的不喜欢以及恨意
- 爱和热情
- 没有满足的需求
- 隐藏或没有使用的才能
- 极少表达思想和感受
- 很少或从不谈论你过去令你骄傲的行为
- 很少或从不思考令你感受糟糕的行为
- 展示故事或事件
- 极少表达欲望和愿望

3. 列表中哪一点写的就是你呢？上述不论是积极还是消极，哪一点可能直接影响与他人在一块时你的行为？

倾听并信任直觉

北极燕鸥是生活在北极以南至北纬 7° 的一种鸟，每年北极燕鸥都会令人难以置信地飞上 23000 英里，回到起点。它们有着自动导航的本能，根本无须花哨的卫星导航。北极燕鸥的本能会告诉它们要去哪里，又怎样到达。人类同样也拥有内置的能力，在生活中找到方向，自动集中注意发生在我们身边的事上。把这种能力当作是一个雷达，不过并非电子屏显示数据的雷达。

心理学博士教授卡彭研究并撰写了该课题，他认为：直觉是“智慧之冠上的珠宝”。卡彭称，与有意识的推理相比，直觉是“大多数人类众多努力活动中成功的秘钥”。

尽管直觉的重要性显而易见，但是涉及直觉和在其帮助下建立存在感相关沟通主题的书籍和文章却屈指可数。这主要反映了人们的假设：直觉涉及的是软数据，因此并不可信。但即使直觉碰巧是错的，它也没有什么不合理的。有人认为，我们做的 90% 的决定基于直觉之上。

一种公认的观点是：直觉意味着你在某种隐藏的层面上已然知晓答案，而本能仅仅只能让你接近答案。例如，你知道某人在撒谎，但是可能你并不是直接听到话语而知晓，而是从撒谎之人不能控制而泄露的细微生理变化得知。你可能甚至不知道你正在记录这些信号，然而你却在无意识地记录着。相信直觉，答案就会浮出水面。

两家成功的计算机公司创立者、第三家公司的主席杰克·罗斯曼在谈判收购阿特金斯计算机集团时说道：“我无法准确告诉你，是什么让我数秒内就知道，要收购这家公司仅有的希望就是赢得谈判桌旁经理们的心。”

集团所有人问杰克·罗斯曼是否要看看公司账面，他凭直觉回答说，他想让每个人都先了解彼此。如果人与人之间的关系都不对劲，“哪怕能免费给我这家公司我也不要”。这正是人们想听到的，尽管杰克·罗斯曼比竞争者出价低，但最后他还是赢得了这笔交易。

有很多方法可将直觉运用在建立存在感上。即使你没有足够的事实来支撑，也不妨试用一下：

● 预见——预测一件事情。

● 事后认知——知道是什么事导致某事发生。

● 预感——一个问题最初且很有可能正确的答案。

● 会意——确保知道找到一个解决方式或运用发现的最佳方法，或最佳调停的时机或是理解某事的重要性。

通过练习和试验，你可以让直觉变得更加敏锐并加以利用。

直觉挖掘法

1. 想要探索直觉，可以留出一些特殊的时间段，可以是独自一人时，当然更好是在你想要产生个人影响力的时间段。

2. 运用真实的而非理论上的事和问题来探索直觉。在真实有目的的任务下这最为奏效。

3. 允许自己检验感受如何，试着记录感受如何影响当下的你。例如：我现在感到很疲惫，注意到我自己变得越来越没有耐心。

4. 即使这些感受令人并不舒服，但要承认或接受这些感受。

例如：我接受自己现在很生气，变得没有耐心是可以理解的。

5. 将你的直觉当成一个安静、值得尊重的朋友，经常等着给你提意见，去邀请直觉给你一个回应。例如：我接受自己现在很生气，这意味着我下一步该怎么做呢？

6. 检测直觉的准确度以及自己对此的反应。

其他直觉挖掘法

1. 日记：将种种印象记录在直觉日记中，不论这些印象是来源于梦乡，感觉或即刻思考。检查日记，看看这些对直觉提供了什么灵感，如直觉在什么环境下最为奏效。

2. 兴趣：运用爱好和兴趣来探索直觉。音乐家对音乐，科学家对科学，父母对小孩，专业人士对他们特定的主题都怀有直觉。

3. 答案：选择一个你想要得到答案的问题或议题。在绿色空间散个步，在欣赏周遭环境的同时捡起一个物体，如石头、树叶或躺在那儿的任何东西。近距离看着这个物体，问问自己本能的直觉："这对我提出的问题，能给予什么灵感呢？"

暗示

● 去应对令人怀疑的直觉，这些直觉看似在命令你做某事而不是暗示一些可能性。

● 将直觉和逻辑结合起来。

● 如果你具备某种直觉，请尊重它，就像这是一位值得信任的同事给予的建议。

做好身体准备

尤其是需要站着做正式展示，你可能需要唤醒整个身体，作为传达信息做的部分准备工作。

在现场展示前感到紧张太正常不过了。

在现场展示前感到紧张太正常不过了。这是集中精力、恰当控制的一种方式。例如，在一场重要表演前，演员们会花上一小时或更多时间去热身。他们会努力去放松，做好和观众沟通的准备。不论何时你想要取得一个强劲的魅力值，做做这类准备工作都是有益的。通过体能运动，你就开始掌控想要取得的影响力了。

特别是你要做一个正式的演讲时，要做好身体上的准备，包含下列内容：

● 身体放松练习：单独晃动身体的某一部分以消除紧张感；紧闭眼睛，轮流聚焦身体的每一部分察看紧张感。缓慢地深吸气深吐气，然后告诉身体的这个部分要轻松下来，让紧张感消逝。

● 声音练习——放松嗓子和声带：轻轻发出低哼声，还有简单的“啊”“哦”声；大声说绕口令，如“红皮革，黄皮革，红皮革，黄皮革”，来帮助放松说话需牵扯的肌肉。

● 远离吸烟者，避免大喊大叫或长篇大论。

热身运动可唤醒你的心灵、身体、呼吸、声音；这能帮助你为达到目标做出充分的准备。

“在情景中去呈现情感，真实地呈现，就会足以传达所需传达之事。

——瑞典电影导演拉斯·霍尔斯特伦

第六章　真诚

传奇指挥家、作曲家、钢琴家伦纳德·伯恩斯坦，有一次应一位摄影师邀请，坐在摩托车上拍照。但是伯恩斯坦抗议："我不会骑摩托车，这一看就是假的。"摄影师回复："我敢保证，你尝试下就会骑了。"

令伯恩斯坦同事们惊讶的是，他直接跳上摩托车，以最快的速度在飞机场上驰骋，把速度减缓下来时便展示了一些特技，然后他再骑回拍摄原地，说着："现在你可以拍照了。"

我们生活的世界似乎加速迈向了与真诚背道而驰的方向。全球化、高科技的生活方式、忙碌的医生、充斥的广告、虚拟的产品和服务、在线交流，甚至虚拟爱人。这些都共同削弱了真实或持久的事物，包括人际关系。

教人如何真诚的公式，有可能也不是真实的。

教人如何真诚的公式，有可能也不是真实的。一个人如果真诚，他仅仅表现出的是自我，而不是任何其他人，这没有什么规则教你如何去做。很简单，你看到的就是你得到的。每个人天生就很真诚。你不会看到一个婴儿想做任何人，他就是在做自己。从童年开始，接着经历青少年时期，再到成年，我们天然的自发性就完全消失殆尽了，直到最后我们才会扪心自问：“我是谁，真的是吗？”

这种分离成为了第二天性。作为成年人，我们可能不愿意，也不能够摘下面具，因为摘下了面具，人们就能看到真实的我们，这会直接影响我们留给他们的印象。例如英国广播公司首任主席洛德·里斯就是一个人们很难去了解的人，他的情绪波动非常严重。在他的女儿婚礼招待宴会上，一位客人告诉里斯的做精神病医生的女婿：“我真的好想见一下洛德·里斯呀！”这位女婿回复道：“我也是。”

正如作家玛丽安娜·威廉森的一句令人难忘的话：“我们最深的恐惧是我们的力量无法衡量。我们最害怕的并不是我们黑暗的一面，而是光明的一面。我们问自己，我是谁，才能出众、华丽灿烂、才华横溢、难以置信吗？实际上，我们应该问的是我不是谁？”这句名言，大家会经常错误地认为出自纳尔逊·曼德拉之口。

如果你恰好在管理和领导别人，真诚能够巩固强大的个人魅力，且据证实这一点特别重要。但是你不能宣称自己如何真诚，这取决于他人来决定。

别人首先需要看到你是否忠于自己，知道你是谁，再与你交流想交流的事。玛莎百货前人力总监吉恩·汤姆林说：“我想成为我自己，但在不同的情况下，形成的是部分的我。你看到的我只是我的一部分，但这既不是捏造的，也不是伪造的，仅仅是在特定情景下相关的部分罢了。”

人们在个人与人性层面上能够认可你，真诚才能奏效。换句话说，某种程度而言，你是谁以及你所代表的立场要有所关联。人们可以听到你与众不同的声音，体验你独一无二的品质，你才能称为真诚。

个人层面上的真诚表现就是去表达你是谁的能力，同时要充分意识到你对周遭事物的影响是什么。这是一种双重关注的行为。首先你需要自我意识，再者是对观众影响的敏感度，这有助于发展我们后面会讨论到的化学反应，它能给人留下深刻的第一印象，持久的长期影响以及可持续的人际关系。

做真实的自己所带来的好处远不止简单地改善沟通、加强团队建设、提升品牌。摘下面具，甚至整个公司的员工都能够成为真正的自己，知道自己的目标和价值观。出色的卡伦·达比曾说道：“我不能脱离角色，我就是要做自己。”卡伦·达比没有选上电视节目《龙穴》的评委，而这个电视节目旨在找到崭露头角的企业家。

如果你遇到一个不真诚的人，或者连自己也不忠于的人，有时我们就会说，“他就是在装模作样”或“他完全不值得人信赖”。尝试下列真诚练习法，启发思考什么能让你真诚。

真诚练习法

1. 想想 3 ～ 4 个你非常崇拜的人，你见过他们、读到过他们或听说过他们。他们可能还在世或已经去世，可能是在你自己的时代或历史上某个时期。

2. 缩减至 1 个人。

3. 在下面的空白处写上对方的名字，然后列出你最欣赏他的地方。

我非常崇拜 ______________________________

我最崇拜这个人的地方是（越具体越好）______________

____

4. 为什么这个人看起来是真诚的？

5. 在你看来，此人如何表现真诚？

6. 你是如何表现真诚的？

要真诚

如果你真的很崇拜某人，很能理解你想要和他们一样。但是这与完全照搬是截然不同的。你不可能真的成为他们，他们是他们，而你是你。不真诚指的是你的思想和行为都假装是某一个人，而这完全不是你自己的思想和行为。

对名人的痴迷会让我们更容易缺失真诚。

对名人的痴迷会让我们更容易缺失真诚，让我们相信所渴望的是立刻获取名声和财富，而不是需要成为真正的自己。例如，在 20 世纪 80 年代，巨头公司通用电气的凯文·希勒曾经说过："每个人都想成为像杰克·韦尔奇那样的人。但是你需要成为你自己，而不是去模仿他人。"希勒是韦尔奇的长期助理，后来也成为了一位首席执行官。

在我们个人影响力学习活动中，我们会听到人们说这样的话：

● “我觉得我在工作中是一个人，在家又是另外一个人…… 我没法确认哪个才是真正的我。”

● “我对找到隐藏的事项已经感到疲倦了。我在想如果我们得到的都是真实的，我们还能获得什么？”

● “我的适应能力很强，但是我不确定复制我老板的领导风格是不是正确的方式。”

● “我真的想做我自己，可是在那样的场合中根本行不通。”

所以人们戴着面具来上班。然后还想知道为什么他们没有取得他们想要的影响力。那些参加工作坊的人常常会很惊讶，感受由内而外而非由外至内地去表达会这么奏效。他们略带质疑地问：“你是说我必须做我自己？”他们得到肯定的答复，做自己时便会如释重负。

试图用真诚来传达魅力的人有时觉得这样他们就会放飞自我，不用在乎对他人有何影响，就真实地表现愤怒、不耐烦和不满。但事实上，真诚的名声需要小心管理。

我真诚吗?

“你说的一个字，我都不信，”一位记者对一位著名的英国政治家说道，“你所有的一切都是假的。甚至你的头发看起来都像假发。”你如何知道自己有没有完全真诚呢？内部和外部都会显示出警告迹象。

内在的迹象表明你正在说的话已脱离了你的真实所感，脱离了真正对你重要的事。你知道自己是在装门面，真实的你却无法出现。所以你隐藏思想、隐瞒情感、强烈谴责说出的话。

外在的迹象表明你的行动原则并不是去做正确的事，而是去做方便、容易的事。如果由于他人施加的压力去做事，可是事后回想，你就知道那么做是错的，非常值得质疑。

“向首相提问题环节，卡梅伦质疑他‘欺骗人’，这些质疑黏稠得就如凝固的汽油一般。”一位评论员说道。尽管真实对名人的重要性已明显降低，但若指控他们虚假不真实，仍是对其最具破坏力的指控。

你不可能某天早上醒来就宣称“今天我要做真实的自己”，因为这不是一个目标，而是一个过程。你要不断地去适应以及认识到自己容易犯的错误。它是关于：

● 你的愿望和能力是真实的，不是虚情假意或矫揉造作的。“如果你是为了真诚而去追求真诚的话，你将不再真诚。”著名的哲学家让·保罗·萨特说道。这也就意味着我们追求真诚是因为在某些方面，这对自己非常重要。

● 如何去与人沟通呢？那就是成为值得他们信任的人。

表明你不真诚的一些警告迹象

● 某人拥有某物，你就只想和这人交友，或你只想和那些对你未来有帮助的人交朋友。

● 你很热衷于去收集名片和电话号码，这对职业发展有所帮助。但是你却鲜有真正的友谊或人际关系。

● 你操纵别人去获取你想要得到的事物，而不担心这对他们或对自己会造成什么样的影响。

● 你允许别人操纵你自己。

● 你关注自己的行为能否得到身边人的肯定，却不在乎自己内心真正的所思所想。

● 你并不忠于自己。

● 你觉得很孤单，别人不尊重你，态度模糊。

● 在工作时，你会觉得不自在、无聊、得不到正确评估、不受欣赏。

● 个人成长方面进步很小，你甚至根本也不在乎。

● 在闲暇时期，你不再做自己，觉得和曾称为朋友的人相处不舒服。

● 你不完全尊重自己，不真正相信自己的个人价值观，也不按照自己的价值观行事。

● 即使你的赞美都会让人觉得很糟糕，这些赞美起初听起来很真诚，但是当真相浮出水面，你的真实目的就清晰地显露出来。

更加真诚最简单的方法就是——更像你自己！

我们经常这样总结一个真诚的人以及他对我们的影响："所见即所得。"更加真诚最简单的方法就是——更像你自己！尽管这个听起来有些荒谬。

喜剧演员乔治·伯恩斯曾经谈到诚实："如果你假装出来，你就可以做得到。"他同样讲的也是真诚。然而，假装真诚其实比仅仅做你自己要难得多。

出于真诚和效力方面考量，有逾1000多位商业领袖选入某项研究，研究发现这些领导者不断地通过现实生活中的经验去检验自己。他们想要发掘领导力的目的，还了解到做真正的自己会让他们做事更加有效。即便你不是一个组织的领导者，这项研究也是非常鼓舞人心的。它表明，真诚就是不断在现实中检验的一个可管理的过程。由此来决定用它来确定“我是谁？”“什么对我而言非常重要？”“我想要什么？”，而不是去期待经过强化训练，或能天生拥有“真诚”的基因就能够立刻变得真诚。

风格检测

你的个人风格会如何影响人们去体会你的真实感。例如，你可能觉得自己的风格是比较善于交际的、很酷，或有把控感的。那么这真的是你给人留下的印象吗？

想象一下，你拥有一家私人公关公司代表你工作，或者是一家实力雄厚的广告公司与你签约，将你推向世界。那么双方各类专家都想和你一起探索的问题是：

- 你的个人品牌是什么？

你的个人品牌包括了你一切的所做所言，你的外貌、说话方式、思考、运动和行为。好像你一个人就是整家公司，我们把它称作自我公司。那么之前你公司的品牌又是什么呢？正如我们都知道的约翰·路易斯、飒拉、苹果或诺基亚等都有它们自己的风格和品牌，自我公司也要有自己的风格和品牌。你对品牌越了解，就越能成功地展示自己的真诚，增加魅力值。

你如何描述下列个人品牌呢？

- 卡米拉
- 普京
- 奥普拉·温弗瑞

- 何塞·穆里尼奥
- 戈登·拉姆齐
- 丹泽尔·华盛顿
- 安德鲁·马尔

他们的风格是否与众不同？什么造就了这样的风格呢？在你眼中，要打造这样的风格真诚是如何助力的呢？

风格检测方法（1）

下列有一些方法可以帮助你开始回顾以及思考你的个人风格。

完成下列描述，尝试解释为什么你选择了这个答案。

1. 如果我是一辆汽车，我可能是一辆（如：梅赛德斯）＿＿＿＿＿＿＿＿因为（如：我看重质量和风格）＿＿＿＿＿＿＿＿＿＿＿＿＿＿＿＿＿＿＿＿＿＿＿

2. 如果我是一种食物，我可能是（如：一个葡萄柚）＿＿＿＿＿因为（如：我有一点酸，但是却对身体有好处）＿＿＿＿＿＿＿

3. 如果我是一家商店，我可能像（如：玛莎百货）＿＿＿＿＿因为（如：我提供的东西物有所值）＿＿＿＿＿＿＿＿＿＿＿

- 看看你的答案暗示了你有怎样的个人风格？
- 你的朋友或同事赞同以上描述吗？
- 你认为与这个品牌的关系有多密切呢？
- 使用上述方法完成下列的第二种方法。

风格检测方法（2）

在与你私人公关公司或广告代理商会谈时，会谈上的专家想要对你的个人品牌、特殊风格有更好的了解。

你如何向他们描述你的品牌呢?

例如我的品牌更像是丰田而不是宝马。我的品质过关，但又不会过分张扬，也不会把我的风格强加于你。所以我希望在顾客眼中，我是把事情做好、值得依赖的一个品牌。同时我也希望自己是比较上乘的商店。在店里，如果你发现什么事情不对劲，我也不会懊恼。我就会接受，然后试着去改善。我也有点像迅达银行：人们很容易接近，我敢打赌，你接触我会发现我非常友好，而且很有耐心。

接下来，顾问们决定要设计一个商标去传达你是谁以及你代表了什么。那这样的商标看起来像什么呢？把它画下来，不要仅仅只是描述！即便你不会画画，也要试一试。

回顾上面内容以及上一个风格检测法的结果。对你自己的风格有什么了解吗？你又是如何理解呢？

做自己——你的价值观

你看待自己以及别人看待你之间如有较大偏差会降低传达真实性以及强调所需做事的能力。让我们进一步看看做自己的这一方面，你做以下事情时需真诚以待。

● 指你所说，说你所指：在与人沟通中保持一致性可增强影响力，因为人们会相信你说的话。例如，你做出承诺、赞美他人、造成威胁、请求帮助，你是否真有其意？言指如有严重不一则会损害影响力：

● “他说的都是空话。”

● “她呀，就是雷声大雨点小。”

● “如果……他会夸下海口。”

● “和她在一起，总有这个承诺，那个承诺。”

● “你真的是这个意思吗？”

● “谢谢，但是我希望我能确定。”

● “我打赌，绝不会有这种事情发生。”

你的话说得好，那么言指合一则更加重要。例如，你愤怒、高兴、沮丧、忙碌、无聊、困惑时，会用乏味语句，陈词滥调，或其他歧义词句来掩饰感受吗？

● 向他人传达你有明确的原则，并据此行动：

你的个人价值观是什么？知道你的立场是什么，愿意和他人分享吗？同样重要的是，人们是否觉得你在根据真正重要的原则来行事呢？

例如，许多经理人热情洋溢地谈论着如何关心客户，然而许多梦想破灭的员工却目睹了他们创造的体系或程序取得的效果却南辕北辙。请使用下列词汇：

- “对我来说，真正重要的事是……”
- “这是我的立场……”
- “我觉得这很重要……”
- “我不能赞同，因为……”
- “这与我的信仰背道而驰，这是……”
- “这是错误的，因为……”
- “这是正确的做法，我想这么做。”

● 表现你是可靠的、值得信赖的：让人感到你不值得信赖的方式有开会迟到，忘记别人要你做什么，同意做某事然后又没兑现承诺。

一个业务关系非常紧密的同事答应送给我一本书，或者我需要的一些信息，他总会一丝不苟地在行动清单中写下来，然后放在文件夹里。一旦这件事情写在了那个清单上，我就肯定这件事情一定可以完成，不会有误。在与他共事的二十年里，我很少失望。

值得信赖、为人可靠就像是为自己的个人影响力镀金。当然，一个人即使不可靠，他仍可产生很大的影响，但是这样的消极行为绝对不是产生影响力的原因。

- 为充分发挥潜能负责。
- 将内在真实与外在表现相匹配。

价值观检测方法（1）

第一轮

写下一个简短的使命宣言，解释以下问题：

1. 思考为什么你会在这个星球上。

2. 什么真正对你很重要——即你的价值观。

3. 你想做些什么让生活变得有意义。

第二轮

1. 修改回答直至满意，以便能够完全表达出你的生活重心是什么。

2. 打印出来。

3. 拿给你喜欢的或者是信任的人看，让他们分享看到答案的反应。

第三轮

1. 根据你得到的回复或反馈，再次修改答案直到满意为止。

2. 用大字体将答案打印出来（16 磅或更大）。

3. 将它粘贴在墙上或每日都能看到的地方。

4. 每天阅读并问自己："在生活中我是否完成了使命？"

价值观检测方法（2）

1. 接下来 7 天，记录别人试图让你做有悖于个人价值观事情的情形。

2. 写下这些情形，记下你的感受。

3. 你如何忠于内心，坚持做正确的事?

最后，值得为练习真诚表演的技巧而设计自己的指导方针。例如，可以给自己设定以下原则：

- 保持清醒活在当下。
- 注意自己是否有胡扯。
- 接受他人挑战自己不真诚的行为。
- 追寻持续不断、真诚的反馈。
- 建立你自己的价值观库。
- 表达自己。
- 谈论对你而言重要的事情，而不是闲聊。
- 有目的性。
- 保持与你所热爱事物的联系。

“在这个世界，日日夜夜众人都要竭力让你成为他人。这意味着你要去进行一场最艰难的战斗，为的是成为你自己而不是旁人，任何人都可打得起这场战斗，永远不要停止战斗的步伐。”

——美国诗人 E.E. 卡明斯

第七章　勇敢

代表们都非常期待，纷纷低头私语。他们很快就要在这个鼓舞人心的关于领导力的讲座上听一位专家的发言。发言者终于从房间后面进来，令人惊讶的是他竟然开始唱歌，在走向会议室讲台的路上仍大展歌喉。人们对其抒情的歌曲热情反馈。发言者一开始讲话，便已完全抓住了人们的注意力，其魅力令人印象深刻。

你愿意冒险来创造魅力吗？或是你讨厌冒险，但仍想提高自己的个人影响力呢？如若这样，也许是时候围绕冒险做一些锻炼自我意识的工作了。

尽管运用有趣或有挑战的方法来传达信息当然能够加强魅力，但是如果鲁莽行事就会削弱。举个例子，你在与一位新客户会谈，为了阐述观点，你可能冒险朗读一首诗歌、展示一部卡通甚至表演一个魔术。但是，为了阐述观点将一把 6 英寸的刀插在会议桌上就非常鲁莽了，对提升积极影响力几乎无好处。

勇敢并不意味着夸张冒险。

勇敢并不意味着夸张冒险，只需简单积极地运用身体，让人们了解你的意图。如果能够自然地运用双手、面部和身体，那么勇敢自然就小菜一碟。但是，对许多人而言，运用身体来增强表达力当然还是需要勇气的。

在人际交往中提升勇气需要定期练习以及多多反馈。如有必要，你需要去要求他人反馈。

智慧的冒险

权衡以下问题，如得到肯定答案，则值得冒险去传达观点：

- 即使一切不如意，益处也将大于成本。
- 最糟糕情况真正发生的概率微乎其微（见下页积极面—消极面表格）。

同样，看似有的事情具有风险或需要大量勇气，但可能近距离观察就证明这件事是造成你恐惧的阴影。所以处理恐惧是增强勇气、勇于不同的一部分。尝试下列的恐惧消除法。

恐惧消除法

- 找到一个安静、安全的地方，至少空出半小时不被打扰的时间。
- 躺在地板上，脚放在椅子上，将一个薄薄的垫子放在头下面。
- 让呼吸变得绵长而缓慢，确保呼吸深沉而稳定。
- 开始大声说出害怕的事："我害怕……"
- 从物体或动物开始，如蜘蛛、车辆、电脑等。
- 现在转向事件，如演讲、进入满是陌生人的房间、私下见老板等。

● 下一步提到你感到害怕的人：父亲或母亲、老板、合伙人、兄弟或姐妹、工作中的一个同事。

● 最后，大声说出过去让你害怕的人或事。他们仍然还存在吗？最近你最害怕的是什么呢？洪水、恐怖主义，还是健康的损失？未来有什么你害怕的吗？

● 确保大声说出你的担心害怕，而不仅仅是安全地保留在你的头脑里。

在练习这个方法期间，你可能会伤心流泪、焦虑不安、身体紧张，或迫不及待地想要站起来，做些完全不一样的事。坚持下来，从说出恐惧的那一刻，它们就失去了控制你的力量。

积极面—消极面：弄清风险

1. 你向客户要求你一直努力追求的订单。

● 最坏的消极面 = 客户会拒绝，并决定终结这段关系。

● 最好的积极面 = 你得到了订单，建立了长期可持续、有利可得的关系。

2. 在一对一的场合下，你要求一位同事提高他的表现。

● 最坏的消极面 = 这位同事生气辞职了，并且声称你欺凌他或不公平地歧视他。

● 最好的积极面 = 这位同事感谢你的直率，赞同并更加努力，然后向他人高度赞扬你。

3. 你进入一个房间，看到了一人未与他人交流，便想与其交谈。

● 最坏的消极面 = 这个人粗鲁地拒绝，很尴尬地把你晾在原地，并走开了。

● 最好的积极面 = 这个人热情回应，你交到了一个朋友或建立了一个比较好的业务联系，这可能带来一份重要的合同。

在每种情况下，最糟糕的例子真实发生的概率是多少呢？如果概率极其微小的话，那么就值得去冒险。因为潜在会发生最佳情况，或是衍生变化。

在心里做类似的盘算就可称之为是有智慧的冒险。

你的情绪需要有韧性，来应对冒险之后有可能产生不太有利的结果。这样的韧性通常仅仅来自于在风险领域的试验以及探索。奇怪的是，有些人对体能上的冒险感觉良好，例如攀爬、速滑、或急速漂流等，然而却极力避免社交上的风险：让自己的观点给他人留下深刻印象。

外向的人会觉得冒险非常有趣。

不论你的性格是内向还是外向，性格对冒险都会产生一定影响。例如，外向的人会觉得冒险非常有趣，把它认为是社交以及自信的一部分。相反，内向的人可能会觉得冒险如鲠在喉。尽管你无法很轻易地从一种性格变到另一种性格，但是这能帮助你更加了解自己的基本性格是抑制还是鼓励冒险。

通过冒险来打造魅力，可能意味着你：

● 展示挑战或质疑他人的勇气。

- 做一个有主见的人并表达出来。
- 在面对反对意见时能够坚持自己的观点。
- 不保守地接受其他观点。
- 充分利用肢体语言。

让我们进一步观察。

挑战或质疑他人

一家保险公司的新任首席执行官召开了一次全公司大会，在所有员工面前介绍自己。在正式介绍之后，他冒险讲述了一个与一家旅行社打交道的个人故事。他和每人都分享了这家公司出色的客户服务带给他的感受。他非常感激这家旅行社解决了一个本可能非常令人沮丧、令人担忧的问题。这位新任的首席执行官环顾了一下挤满人的房间，问最近是否有人体验过非常棒的客户服务。

很快，那些通常从不会在公众场合与首席执行官交谈的员工开始分享他们的客户服务故事。就在恰当的时机，这位首席执行官微笑阐述他的愿景，希望与新公司打交道的人们，能够以这样的方式去和他们的朋友说在这里所能感受到无与伦比的客户服务。

接着是一阵比较尴尬的沉默，最后有人终于勇敢说道："但是我们在年度行业客户服务指数中一直获得不错的评分。"这位首席执行官点点头："我绝对同意，所以我们有了一个更加强大的平台去达成真正出色的目标。这是我想做的事，也绝对是我的承诺，我也希望这能成为你们的承诺。"

会议结束后，人们常常谈到这位新任首席执行官，以及他是如何沟通，通过未来愿景让员工们兴奋不已的。每个人都没有提到魅力一词，但是这位首席执行官却通过质疑和挑战，强有力地传达了魅力。

尽管挑战可以增强魅力，但通常指的是建设性而非毁灭性的魅力。如果你不断抱怨当下，经常提出无法回答的问题，在任何事上都鲜与别人有一致意见，或者人们都说你很难共事，那么人们会觉得你提出的挑战不受欢迎。

另一方面建设性的挑战能鼓舞人心，因为它可注入新鲜的思维，提供其他的方法以供思考，吸引人们的兴趣。也不是说挑战一直都会让人感到舒服，但是你挑战之人需要感知的是你的探索精神，而不是恶意。

具有强大魅力之人提出的问题可让气氛活泼，而非产生威胁感。这样强大的魅力可能源于以友好的态度提出挑战，而不是让人感觉很糟糕。

举例：

毁灭性的挑战："我一点也不明白这个策略，你是怎么做的？"

建设性的挑战："您能带我过一遍您的策略吗？这样我就知道您的想法了。"

毁灭性的挑战："我们的客户服务就是垃圾，你知道的。"

建设性的挑战："我们当前的客户服务看似还有很大提高的空间。您同意吗？"

毁灭性的挑战："你为什么又没有及时完成这个报告呢？"

建设性的挑战："你觉得是什么阻碍了你按时提交报告？"

挑战练习法

将下列毁灭性挑战转换为建设性挑战。

“你还能做得更糟糕一点吗，我们绝不会这样做。”

____

“这个团队又在另外一个根本没有意义的辩论上浪费时间。”

____

“如果你能找到一个比我们还好的供应商，一定让我知道。”

____

“这个议程简直毫无意义，为什么我们不关注些真正重要的事？”

____

“这个事对你来说很棒，但是对我来说却一点作用也没有。”

____

在你的生活中为他人创造三个真实的建设性挑战。

____

____

____

有主见，并且表达出来

如果你不知道将去向何方，那么即便有道路也起不了作用。没有主见，你对他人则不怎么感兴趣，魅力也会降低。有着强烈个人影响力的人通常都知道为他们自己说些什么，并且运用类似下列的词汇：

- “我的观点是……”

- “我的看法是……”
- “我不同意，因为……”
- “对我来说，重要的是……”
- “我想要的是……”
- “我宁愿……”
- “从我的观点来说……”

你是否发现有时很难知道自己关于某件事情或某个情况的看法？所以你在会议中保持沉默，对一个正在讨论的问题很难明确立场。发生这种情况，可能有以下几个原因。

如果你不知道将去向何方，那么即便有道路也起不了作用。

首先，这个问题或情形似乎已超出你的知识或经验范围。其次，其实你已经有了观点，只是在当下无法得到表达的机会。这就会导致后来你意识到自己本可以说些什么，但却没有说，因此感到沮丧。最后，可能你身处的文化背景宣扬的是如果没有人请你说什么，通常就不好去表达观点。

不管原因是什么，都可以开始酝酿自己的观点。可准备话题，问问题，得到相关信息，再与自己熟悉的事务关联起来。

准备工作常常能给你提供一系列的意见。因为当讨论白热化时，突然想出意见是难以企及的。做好了有话可说的准备，就可以尝试参加一个会议，一对一的会谈或其他重要沟通的情形。如提前计划好的议程、话题本身、广泛的阅读、提前与他人的交谈等有很多资源能激发灵感。

问问题通常可以打开一个话题，通过额外信息更好地提出一个观点。开放式的问题能够鼓励人们提供一个不止“是”或“不是”的简单回答。将问题与熟悉的事物关联起来，是创造性得到观点的方法。例如，你可运用：

- 个人的价值观。
- 过去的经验或可提醒你的事物。
- 现有的方针和政策。
- 别人非常强烈的意见，你对这些意见又是如何感受的。
- 能产生新见解的一些完全不相关之事。

表达出来

仅仅有观点是不够的，你还需要勇气去表达出来，有时这就意味着即使没有人询问你，你也要敢于提出自己的意见。当然在某些时候，最好等待合适的时机出现，人们才会准备接受你的意见。

一旦人们意识到你是一个有主见的人，那么他们会期待听取你的意见。这就是为什么偶尔你可以看到在开会时，人们会期待地看向特定的一些人，因为他们从过去的经历中得知这些人往往很有主见，于是就会预期听这些人的观点。

保持沉默、保留观点可能会创造一种有用的神秘气氛，但是如果你要强迫他人接受你的观点，那么反而会限制影响力。酝酿观点、等待谈话间隙，然后勇敢地表达。

如果每个人看似都在忙于交谈，这就意味着你最好保持沉默。然而你可能就会把这个话题留给这些制造最多声音的人，你便再也不能就此表达观点了。

如果谈话中没人停顿下来，尝试使用背景技术中的静音功能。你可以去等待，直到某个人能稍微降低一点声音，然后你就不带侵略性地清楚说道：“我想说些事。”如果人们忽略你，那就再次重复，即使说话的声音必须得盖住他人。继续说“我想说些事”，声音越来越大，直到最后人们不得不停下来倾听你说话。此举需要一定的勇气，但是这能保证听众专心。

小心意见陷阱。

小心意见陷阱，你会发现自己可能变得教条主义，过分武断，过分推崇自己的观点而不顾他人是否愿意倾听。所以，有一种版本的意见陷阱就等着粗心的经理和领导者。因为人们总是在不断地寻求你的意见，你开始觉得必须立刻说出什么是对什么是错，什么应该做。但是立刻提出一个意见会削弱你的个人影响力，除非你是去赞赏他人，例如你注意到了什么事情做得很好或恭喜某人取得了一项成就。

人们开始向你诉说他们的问题时，一些陷阱也经常会发生。一些粗心的销售人员常常就会陷入其中，认为客户真的在征求意见，但事实上这个人可能只是想分享一个问题，并不是期冀即刻解决。

提出阐述性的问题，培养聚焦倾听的能力。

- “其他人也是这样感觉的吗？”
- “这样你感觉如何？”
- “这是最近发生的事情吗？”
- “听起来太糟糕了，你的老板怎么想的？”

- “你以前遇过这样的事情吗？”
- “你认为他们想要什么回报？”
- “你期待吗？”
- “你能再解释一下吗？”

坚持己见

因售卖内衣和情趣玩具而大获成功的安·萨默斯零售连锁店首席执行官杰奎琳·戈尔德说道：“对我勇气真正的考验，就是在很多场合下，我都是属于那部分少数人。”

戈尔德的超凡魅力在于有着沉稳的风度以及坚持己见的勇气，对于真正重要的事情能够说出心意。虽然她的魅力远没有达到魅力谱中的极限值，但是其影响力仍然强大，而且令人难忘。

“你不喜欢我的原则，我还有很多别的原则。”格劳乔·马克斯玩笑着说道。事实上，许多人都是如此。面对批评、拒绝或敌意，他们就崩溃了。他们不愿意去冒风险，去承受任何冲突，相反他们会陷于愤懑的沉默之中，或更糟糕的是，他们不承认自己先前提出的意见。

要取得强大的个人影响力，你需要坚持己见，承担面临反对意见的风险。除非你渴望打一场架，否则不需要有多么激烈的争论，相反，你就是简单地维护权利，去保持自己的意见或秉持一定的价值观，并要求他人对之尊重。

坚持己见的一个有效办法就是对反对者表示尊重，而不是谴责。你可以这样说：

- “我听到了你的看法，但是我的看法不同。”

- “我知道你不赞同，但是我也希望你能够认真看待我的意见。”
- “很明显，你对此感受强烈，我也是。”
- “这只是一种解释，我还有另外一种。”
- “对我真正重要的事是……”

坚持己见会让人觉得有风险，尤其是其他人表面上没有立即支持，但是这种孤立感也许会误导你。人们看着你站出来维护自己的观点，你就可能开始吸引支持者了。

接受其他观点

一个有着清晰观点的人，且不将观点强加在你身上，而好像是在试图转换思考的位置，这一点非常吸引人。要加强个人影响力，可展示你有勇气去听取其他观点，而非过于自我保护。

正如第三章关于流畅主题所概述的那样，试着运用接受和构建的技巧。一个人如果提出与你不一样的意见，不要直接摒弃，试着在这个观点上去发挥。你可能甚至可以把它与自己的观点相联系，进一步巩固自己的立场。

运用身体表达

我们大多数人都没有意识到身体暗示的重要性，甚至没有把这点与勇敢联系在一起。然而身体的表达是需要勇气的。我们看到那些具有强烈个人影响力的人很少害怕去做一些特定的、夸张的姿势。这可能包括积极运用身体传达信息，不管是极其僵硬，或是捧腹大笑，认真倾听，还是用双手来强调观点。

你四处走动时，表现出来的是像一个成功者，还是失败者呢？你进入一个房间时，看起来是怎样的呢？留给人们的即时印象是自信还是自我怀疑的呢？运用魅力就意味着你有勇气去拒绝，哪怕是暂时性地拒绝任何低自尊的感觉，而应该去追求自信、确定的存在感。

演员们在早期训练中就了解到他们如何在舞台上应该保持怎样的精神状态，然后迅速转化为相应的身体表达。例如，他们练习走路，假装自己是彻底失败的人，然后又假装自己走起来就像拥有整个世界。从这个意义上而言，简单来说，勇敢是指你可以选择兴奋的身体状态，而非低落的状态。尝试下列状态练习法。

状态练习法

1. 找到一个空房间，有足够空间让你走动。

2. 从一副扑克牌当中抽出一套 1 ～ 10 的牌。

3. 洗牌并随机抽取一张。

4. 这个数字就决定了你的状态，1 意味着状态低落，10 意味着状态兴奋。

5. 运用这个数字，开始在屋子里走动，现在的生活状态就好像这个数字所代表的状态。

6. 抽取第二个数字，再次走动，感受你在生活中的状态就是这个数字的状态。带着这个“角色”进入一个房间。

7. 最后，带着第三种状态再做一次试验。

- 从这个方法里学到了什么？
- 你的身体在不同状态里有怎样不同的表现？

● 在每种情况下感觉如何？

● 通过这个练习，你下次知晓要以怎样的方式进入一个房间了吗？

演员大卫·田纳特在2009年《哈姆雷特》正式上映前，被迫退出满座的伦敦版《哈姆雷特》。因为他患有慢性的背部损伤，需要动手术。但是批评者却认为他会永远为其天才替补让路。

但是勇气往往加强魅力。一位知名影评人称赞田纳特凯旋而归似的表演："由一位拥有杰出勇气和非凡魅力的演员领衔演出，他完美诠释了什么是真正的伟大。"

魅力也意味着勇气，敢从人群中站出来。这是指要承担他人可能不会接受的风险。可以是在与他人交谈时的肢体接触，可以是采取一些不同寻常的行为，为传达信息争取注意力。

另外一种体现勇气和魅力的方式就是愿意敢为人先、树立榜样、为他人指路。例如，那些最成功公司的领导人一般都兼具谦逊和无畏为一体。

圣女贞德以其不同寻常的眼光、钢铁般的决心、身体展现的勇气赢得了久经沙场老兵们的忠诚。在争夺图雷尔市的战斗中，一支箭射穿了贞德的肩膀。她直接拔出箭，又坚持战斗到最后。

也许最具挑战的事情是，魅力和勇气允许人们看到面具后面真实的你。例如通过展示脆弱，人们会把你看成是一个不可思议之人，因为这个举动本身便是吸引力和灵感的源泉。

“在情景中去呈现情感，真实地呈现，就会足以传达所需传达之事。”

——瑞典电影导演拉斯·霍尔斯特伦

第八章 热情

“我认识的最佳领导者们对于他们所做的事都充满了热情。”英国皇家邮政主席阿兰·雷顿在与一些英国顶级商人见面后说道。如果说热情这个词让你感到有点不安的话，那你对承诺和热忱是如何感受的呢？

热情并没有什么可怕或难以企及。

尽管热情对于自己和他人的影响已是众所周知，但它并没有什么可怕或难以企及。通常情况下，这只是重新连接自己长期遗忘的一部分。之前这个部分一直以来都处于萎缩状态。在其他时候，才得以让你发光发亮。

英国教授理查德·怀斯曼进行了一项研究，研究对象是来自于《科学一叮》的参与者。《科学一叮》是旨在发现新“科学面孔”的一项英国全国性竞赛。在比赛中，那些最有能力向别人传递情绪的人能走得最远，他们运用自身个性给评委组留下了深刻印象。

热情不仅仅只是在谈论主要生活兴趣时才发挥作用，它对于沟通那些不那么令人兴奋的日常问题时也很有价值。比如，当你和一个客户谈论你公司的服务时，如果你对公司服务表现出真诚并且愿意分享的态度，那么这会使讨论更加顺利地进行。

如果你觉得某件事真的非常重要，那么你会产生更多影响力，并且自然地通过热忱来传递。热情拥有影响他人情绪、思维，甚至行动的能力。所以这整个问题都值得你去认识、探索。

不确定你的热情，什么能让你感到兴奋或肾上腺素涌动？尝试下面各种练习，更仔细地观察生活，以及让你成为现在自己的关键事件。

锻炼热情方法 1

回顾过去

1. 使用下面图片描绘出你的生命线。创造你自己生命线的宏伟蓝图，如果可能的话至少在 A3 纸张大小上画出。

2. 对总体的家庭和生活，要包括兴趣爱好，谱写出起起落落，让你开心或悲伤、骄傲或兴奋的事件等。标出彻底改变你，让你成为今天之你的巨大转折点。

3. 哪些事件给你留下最深刻的印象，为什么？

4. 为职业生涯制作第二张表，同样标出起起起落落以及你感到最为兴奋的点，或者最为无聊或消极的点。

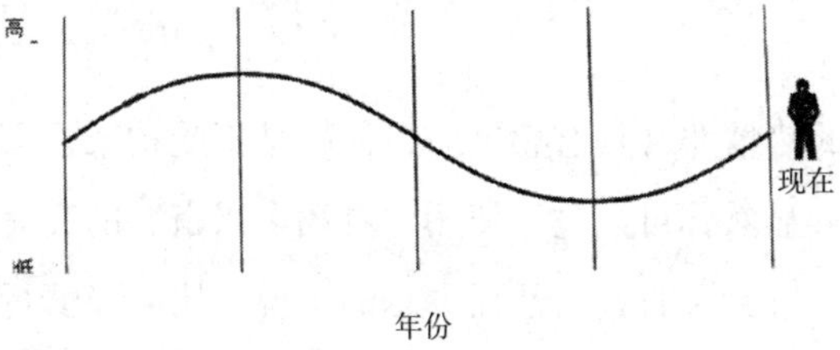

时间轴 1：我是如何到那里的？

锻炼热情方法 2

展望未来

1. 同样用 A3 大小的纸张去展望未来一年。列出你在上述表格记录的每个领域里最希望改变的地方。

2. 再试着展望未来三年。你如何实现这些目标，为此会采取哪些步骤？开始梦想你的目标，不要担心它们看起来是否异想天开甚至无法实现。

3. 最后展望未来五年。那时你的生活会是怎样的？什么将会发生改变？你会做些什么使梦想成真？

4. 运用时间轴写下你对各类事情的思绪和感受。

5. 哪些是优先的主题？哪些无论在什么情况下都一定会存在？在你的时间轴中哪些价值观看似最为重要？

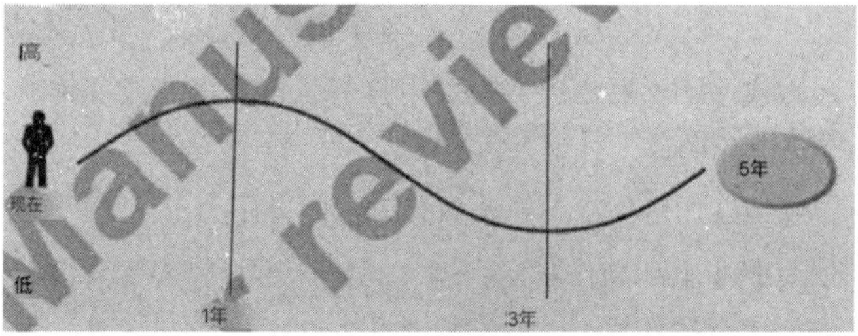

时间轴 2：我想去哪里？

真正的热情非常具有感染力，你越是不受拘束，那么对别人影响越大。显然你可以过度使用“看我多兴奋”的交流方式，但最后有人会感到不自在。然而，总的来说，比起谨慎行事、冰封热情，不如过于热情，尽管这存在着得到消极反馈的风险。

人们尤其是所谓矜持的英国人总是不赞成热情，因此不惜一切代价去极力避免为人热情，这是一个非常荒谬的观点。只有人们真的是太过于兴奋，才会丧失真实感。

问自己：

- 你对想要沟通的事情是否感到兴奋？
- 什么让我对这个问题感到兴奋？
- 为什么他人也应该为此感到兴奋呢？

信心和热情

你有没有想过，那些看起来充满自信的人有什么秘诀呢？他们是怎样做到的？是他们的教养、地位、财富、教育、成功的事业还是其他什么？正如在第四章所阐述的那样，自信不会自然而然地产生，而是通过练习以及能力习得才能最终产生自信。

如果你能够完全释放热情，履行承诺，那么自然也可开始创建自信。这是因为你在分享热情，实际上就是在练习说出什么是真正重要的。这本身就能建立自信。

你一旦完全为想要去分享的信息内涵所吸引，那么便不能轻易抑制自己，给紧张的空间也少之又少了。

问自己：

- 我对想要交流的内容有多自信？
- 为什么想要沟通的这个事对我很重要？
- 为什么这对他人很重要？
- 如果我完全自信的话，这对我说话的内容有什么影响？

自然和热情

以开放的态度自然行事，你可能创造一个平等而真诚的氛围。如果人们看到你说话是发自内心的，而不是源于头脑，这将非常具有感染力，你也可以常常促使他人这么做。

思维敏捷有多么自在？

思维敏捷并坦然接受有多么自在？你会感到紧张吗？更愿意选择一切真实的事物还是心理脚本呢？

缺乏实践是害怕思维敏捷的一个常见原因。如果有人在你毫无准备的情况下，邀请你对500人谈论15分钟的爱因斯坦相对论，除非你毕业于高级物理学专业，否则可能会觉得这很难完成。正是极其缺乏相关知识才会让思维敏捷成为一大挑战。

或者你认为思维敏捷要求光速的反应和产生即时灵感的敏锐大脑。当然，如果你想成为一个即兴表演的单口相声演员或在一个妙语连珠的辩论中有出色表现，这可能是需要的。但通常而言，敏捷思考只需你对你所关心的事物持续关注，就能使你不受拘束地利用内在资源。

尽管自然和完全有计划的定义不能完全画等号，但是可通过预测、倾听、提问、大局思考和争取时间等方式来滋养土壤，让自然蓬勃发展。

● 预测：你可预测到在很多情况下没有正式路线去遵循，而需你立即行动。例如，有人可能邀请你做一个即兴演讲，或者即兴发挥谈论某些事情。幽默大师马克·吐温曾经称他需要花费数周时间去准备一个精彩的即兴演讲，这就意味着他时时刻刻都为这些挑战做好准备。

● 倾听：人们对其所思所感常常会提供重要信息和线索。通过仔细认真地倾听和观察，你通常可以通过发掘这些，在必要时准备好回应。

● 大局思考：无论讨论什么样的话题，都尝试以新眼光去看待并延伸思考。例如，在搜寻答案时，可尝试问自己："这真正关于什么？""这里可能缺少什么？""这让我想起了什么？""这与我的经验如何关联？""这个问题告诉我现在面对的情况是什么？"

● 争取时间：在回答之前，争取时间，给表现自然更多空间。

● 等到发言者完全结束发言之后再尝试给予回答。

● 提出一个自己的问题。

● 要求一些思考的时间。

● 发出如"嗯哼"的声音，来展示你在关注但也仍在思考。

● 使用诸如下列的填充短语："这是一个好观点""这可能有很多含义""我们需要再多谈谈这个问题"。

● 仔细思考说话者的内容，"所以你说的好像是……"

● 不要立即回应，讲述由该话题想起的一个故事，同时继续思考如何回应是最好的。

问自己：

● 我愿意在沟通时自然表达吗？

● 有什么可能阻碍我自然表达的意愿呢？

● 为了最佳利用这些可能发生的情况，怎样才能做最好的准备呢？

挑战和热情

当你遇到满腔热情、勇于承诺的人，他们倾向于质疑的处事方式，对某些特定情况有着强烈的看法，要求及时行动，在很多情况下会表现出打破常规的但会令人不舒服的准备。

在热情的驱动下，这一类人，看似非常勇敢，但是他们只是忠于自己的目标而已。在追求目标过程中，他们愿意去面对或提出一些令人不快的问题或质疑发生的事情。然而可能在内心深处，他们也会感受到焦虑不安，以及对自己的不确定。

你如何去挑战和挑战本身一样重要。如果挑战让他人觉得迷惘，不受尊重，或某种程度上感到遭受攻击，那么这可能削弱了而不是增强了你的影响力。尝试下列挑战，如同在搜索信息：

- “现在每个人都是这样感觉的吗？”
- “你认为我们要做些什么来改变这种情况呢？”
- “我看这不对，你的观点是什么？”
- “我们从这里要去向何方？”
- “在我看来，这似乎是不对的。别人也有同样的感受吗？”
- “下次可能会有不同的做法吗？”

越能释放自己的热情，那么你就越需要确保发出的挑战是积极的，而非防御的，或是缺乏自信令人难堪的。

问自己：

- 为什么我需要挑战？
- 上次我热情地提出挑战是什么时候？
- 我不愿意去做出怎样的挑战，为什么？

- 我最不愿意挑战和反对谁？
- 我是从寻求信息的角度去挑战吗？还是我倾向于做出让人们感觉受到攻击的挑战呢？

活力和热情

热情、热心地沟通是需要有活力的。活力可以影响你说话和行为的方式。你不可能用无聊单调的声音说着话，瘫坐在椅子上，不直视他人眼睛，或是脑袋耷拉在胸前，好像半睡半醒就能体现出你说话的热情似的。

用来表达激情的活力有很多呈现方式。

用来表达激情的活力有很多呈现方式，包括身体上的——你如何行动的，声音和笑容是怎样的，或是在某些情况下你如何把握公众演讲的能力。

当你展现出非常高水平的活力，它有助于打造你的形象，建立存在感。如果你觉得这是一件重要的事，那么就需了解更多自己不同时间的活力水平，注意什么时候活力水平最低，因为这会倾向于减少履行承诺的能力。

没有活力，即使是最强有力的信息，或最具说服力的演讲者也会默默无闻。

问自己：

- 最近运用活力来履行承诺、传达热情是什么时候？
- 我是否会常常在传达重要信息时注入活力呢？

● 活力主要是如何在姿势、声音和外貌上来展现呢?

有趣、活泼和热情

运用热情并不意味着你总是需要用严肃的面孔对待每件事。创造活泼的氛围，从而饶有兴趣地谈论自己热情所在是同样有效的。例如，你可能运用天生的幽默感来强有力地传达信息，或拒绝过于严肃，从而快乐地向人们传递核心要旨。

只要打开想象力的大门，做好冒险的准备，就有很多方法来有趣活泼地传达观点。这可能包括把观点唱出来，朗读一首诗，戴着一顶滑稽的帽子，盛装打扮，让观众参与，讲述一个关于你自己的故事，说一些有趣的词，运用暗喻或者故事、卡通，剪辑电影，等等。事实上，任何可让你和你的观众看到事物逗趣的一面并且接受了观点均可奏效。

热情是未来

我们已经目睹，认识并充分运用热情是增强魅力值的重要因素。可以肯定的是，世界的大潮流也逐渐在往这个方向发展。人们日益意识到，热情不仅对个人而言非常重要，对许多公司和单位也是如此。

广受尊崇的商业评论家加里·哈默尔说过，21世纪公司的未来就是创造“珍惜人类主动性、创造力和热情”的环境。怀有热情是你的同事们真正需要的，只要能够恰当运用，你必能给人留下深刻的印象。

"一位怀揣热情之人远胜四十位兴趣寥寥之人。"

——作家爱德华·摩根·福斯特

第九章　仪态

如果你是一个流行歌手或性格古怪的百万富翁，你可能不需要太担心整体的外表和风貌，也就是仪态，但如果两者均不是，那仪态不端就有可能会严重影响你的个人影响力。

仪态是一个较为方便，而非时髦的词。

仪态是一个较为方便，而非时髦的词，用来形容行为举止和面貌，包括举手投足、修饰打扮、整体的面貌和形象。每一点都能影响人们对你的看法。每一点也都值得你注意，因为它们都确保你能呈现出自己最好的一部分。

例如，在一项涉及专利侵权长达八年的诉讼中，法官们就抱怨一位专家证人，他几乎失去了所有的信任，因为他眼神飘忽，仪态糟糕。2007 年时任英国财政大臣的戈登·布朗因意识到自己不苟言笑、控制欲极强的名声广为人知，所以在他《最后的预算》一书中，通过讲一些炸裂的笑话，来营造一副轻松愉快的样子，从而打造出一副活泼的面貌。

英国一家大型电子公司的一位仓库经理成功地让自己看上去

很符合这个角色。他穿着闪闪发亮的西装，梳着油光锃亮的头发，脚踩着尖头鞋。他对自己的打扮感觉很满意，直到他在英国广播公司找到了一份新的重要工作，这个岗位需要他向高管们汇报。但是他那一成不变的装扮，与现在公司的文化格格不入，这不当的仪态削弱了其产生影响力的能力。

如果你是一个相信内在比外表更加重要的人，只要做到整洁、干净、清爽可能就够了。但是人们最初接触你时，并没有别的衡量因素来做出评判，所以你整体的仪态是非常重要的。

你怎么描述自己的外貌呢？人们会觉得你穿着讲究、衣冠楚楚、精神抖擞、时髦有型，还是比较传统，或仅仅只是土里土气、普普通通呢？你想要传达的形象是怎样的？这不仅仅指的是在特殊场合你想费尽心思让自己看起来比较漂亮。在你把衣服拿出来想要穿时，无论在重要时节还是为其做准备时，你希望能给人留下怎样的印象？希望人们遇到的你是怎样的？试试下面的外表提升法。

外表提升法

找到一面全身镜，就像在百货商店更衣室的那种（你可以考虑在家也安装一面）。

穿着平常的工作服。长时间认真地看着镜中的自己。这与之前第二章描述的方法不同。在此方法中需要从关注、鉴赏、意识等层面去观察自己。

● 关注：镜中的自己看起来是否得到了很好的照顾呢？有什么样的迹象可以表明呢？例如，镜中之人看起来是萎靡不振，还是精神抖擞呢？鞋子是皱巴巴的，还是干净利落的？头发是一团凌乱，还是井然有序呢？你对这人改变外表有什么建议吗？

● 鉴赏：是什么让你看起来与众不同？有哪些地方让你突出显眼？还是外观、颜色、设计上等所有的事都平淡无奇呢？增加鉴赏力需要做出什么改变呢？例如，可能是色彩需要更加缤纷或者减少一些，衣服质量要更好，或者外观要更加时髦？

● 意识：你的外表与工作生活有多协调？完全符合你想要向他人传递关于自身魅力和想要产生影响力的人设吗？

你的形象适合当下的工作吗？例如，一位音乐行业积极进取的年轻女性高管，参加了我们的个人影响力课程。从艺术学校毕业之后，她就在其公司担任要职。但从服装的角度来说，她却从未进步。她继续穿着超紧身的上衣，这个装扮在学校里来说还行，但是现在看起来却让人觉得轻率了。

运用视频和一面镜子，再加上一点外部的反馈，你就可以开个好头，来提高和加强仪态了。正如在第二章讨论的整个沟通目的一样，开始思考下列问题：

● 我想展现怎样的形象？

● 我害怕展现怎样的形象？

● 两者差距有多大？

● 我怎样才能消除这样的差距，但是仍然还是做自己？

以彼特为例，他起初是一位独立管理顾问。凭借极具说服力的魅力值，他开始能和一些公司的高管会谈。但是他仍然穿着高街连锁店的便宜套装。而此时他的客户通常身着时髦昂贵的服装，以增强自己显著的社会地位。

最终一位经验丰富的顾问同事好心地提醒道："你要和这些高管们打交道，如果他们穿着完美、品位独具一格，你就不能抱着侥幸的心理穿着便宜的衣服。"彼特立马出去定做了两套高档的商务套装，从那以后他就潇洒自如、自信满满、平等地与越来越多的知名客户打起交道。

加深意识法

1. 在下一次团队或商务会议上，系统地观察人们的穿着和装扮。两者是促进还是削弱了他们的影响力呢？

2. 联系三位值得信任的朋友或同事，让他们坦率反馈你的妆容。

3. 接下来请他们描述你的整体衣品，是时髦有形、衣冠楚楚，还是粗心、随意、低调呢？

4. 接下来请他们对你整体的妆容予以评价。如是否干净、整洁、注意细节等。

5. 接下来再问他们："我是否有一些让人讨厌的习惯或姿势会妨碍我给人留下深刻的印象呢？"

6. 最后问他们是怎样评价你的外表的，如说超重、苗条、弯腰驼背、身体笔直、举止良好等。

7. 拿摄像机拍摄你进入一个房间，站立在那儿。你似乎想传达什么信息？着装是否适宜？外表又是如何？

8. 运用所有信息，看看如何在整个仪容仪表上做出改变。

仪态听起来很像是行话，很难去做准确的定义，但这却关乎第一印象。基于第一印象，人们就会对你做出种种猜测：

● 经济地位——富裕、贫穷、成功、平庸。

● 教育水平——本科毕业、辍学。

● 诚信问题——正直、可信赖。

● 社会地位——很有品质、志向高远、善于交际、为人古怪、喜欢独处，在走上坡路或在走下坡路。

● 教养态度——冷酷、自信、焦虑、泰然自若、难以了解。

这样的判断可能就在几秒内会做出，这就是为什么仪态会如此重要。一项关于招聘的研究表明，在招聘时，得体的妆容比实际的工作资历更具有利条件。

你愿意在自己的外貌和仪态上投资什么呢？

让我们把整个仪态问题放在更加商业化的基础上来讨论。你愿意在自己的外貌和仪态上投资什么呢？可能谈论个人品牌有点陈词滥调，比如说你是一块肥皂或一辆车，但这仍是一个行之有效的标准，来评估你对投资自己以及他人看待你方式的意愿。

● 你的品牌（形象）有多强？

● 在更新或升级方面，品牌还需要做些什么？

● 品牌是否注重品质？

● 你能承受不投资的代价吗？

当你的外表与你所期待的品牌形象不完全匹配时，就是进行投资来做出改变的时候了，但是这也并不意味着改变整个个性。提升个人影响力意味着花费时间和资源去提高整个仪态的方方面面，这可能包括你的衣橱、姿势、妆容、握手的方式、举止、形象，等等。

你的衣橱

衣橱是可做出最明显改变的方面。例如，若你是位男士，你是会坚持使用黑、灰、蓝这样单调的颜色，还是偶尔也会选择像卡其色这样的中性色呢？若你是一位女士，你会害怕穿那些看起来华而不实的衣服，还是只坚持穿功能性的衣服呢？

尤其是位高权重的女人，她们常常会很坚定地宣称“我对时尚不感兴趣”，暗指资深女士理应在时尚之外，而时尚不过是秘书和小人物的玩意儿。但其实往她们内心深处挖掘，却发现她们常常展现出对穿着时尚的渴望。

尽管让时尚去主宰你的生活非常不健康，但是忽略衣服的力量也没有什么值得骄傲的，事实上，这可能是一种傲慢或脱离现实的表现。

关于着装人们常会犯七个错误。

错误 1：廉价而快乐

如果你决定提升个人的影响力，那么这就是一笔投资，不需要多么奢侈，但是要购买有品质的衣服，尤其是商务着装。廉价最终导致的是代价昂贵，不仅因为廉价的衣服会损害你的形象，就轻易便能穿坏的成本而言也能得出这个结论。

错误 2：忽略时尚

某些时尚打扮也会让你看起来过时。但是忽略时尚的话，会把你置于不利之处。如果你说着“我对时尚根本毫无兴趣”的话，也是无用之谈。因为即使你不在乎，看着你的人也会在乎。

时尚是令人困惑、短暂流行的，但可能比你想象的要少些主观武断。今天所有的时尚都变化得如此之快，而自相矛盾的是，应对这样情况最佳的解决方法就是投资不易过时的经典款。尽管短期之内经典款比较昂贵，但是经典款的造型在长期看来回报丰富。

错误 3：不合身的衣服

如果说衣服不合身，那么即便是最好的衣服也是一场灾难。合身的衣着是必需品，值得你付出额外的剪裁费。

如果你想让自己看起来非常漂亮，引人注目，那就要避免一些不可接受的常见错误，如穿着太紧、长度不对，等等。

错误 4：缺乏协调感

确保你的着装能正确搭配，否则整体效果将毁于一旦。色彩的协调感对人的外貌既能成就也能毁灭，所以多想想妆容的这个方面。

如果你不完全相信自己购买物品并协调搭配的本能，那么就要考虑投资去学习基础色搭配的基本原则。这包括一些简单的指导方针，例如如何确保衣着上一个主物件的颜色可与小配件上的色彩相呼应；什么时候将浅颜色与深颜色的物件搭配；什么时候一种颜色与另一种颜色并不相配；或什么颜色最适合你那特殊的肤色。这些都能帮你提高协调感。

错误5：小物件无关紧要

配饰虽小，却大有可为。选择不当的领带、帽子、包包、腰带、手套、鞋子、袜子，甚至是一把雨伞都可能有损你的形象，而你可能还从不知道。

要确保配饰可以增强而非削弱形象。例如珠宝首饰对男人来说是非常危险的尝试，尤其是某位男士还想攀爬职业的阶梯。闪闪发光的耳钉对于一位著名足球运动员来说可能还可以接受，但是能帮助提升形象吗？对于女士而言，花哨的腰带、鲜艳的珠宝以及脸上的钉饰在工作之外可能看着不错，但在工作场合可能就会严重影响个人影响力了。

错误6：细节形象杀手

像不协调的配饰这样一些细节形象杀手也会造成不堪的品位，但是只要你注意到了这些问题就可以轻易防范。以下是需要避免的事项：

- 磨损——在领口、袖口有着磨损的迹象。
- 压痕严重的衣服——没有熨烫。
- 斑点——在领带、连衣裙或西装上。
- 纽扣掉了、松了或解开了。
- 夹克的袖子或裤管太长或太短。
- 鞋子——破旧、粗糙或需要修理。
- 肮脏的腰带。

错误 7：千篇一律

如果认为自己衣橱必须平淡无味、毫无个人特色，那就错了。

计算机巨人 IBM 早期历史里只有男性员工，他们每人都穿着统一的公司制服：蓝色的西装、白色的衬衫以及精心搭配的领带。现在像 IBM 的克隆日子大部分已一去不复返。但是除了一些初创企业和高科技公司之外，雇员们仍然承受着巨大的压力，许多公司还是要求他们遵守规矩，避免个性化。但如果认为自己衣橱必须平淡无味、毫无个人特色，那就错了。

让自己隐形于人群之中，绝不是增强个人影响力的办法。即使你周围的传统设下了种种限制，想要与众不同、保持时尚也是可以完美实现的。寻找一些有创意的方法，让衣着能真正反映你是谁，而不仅仅是他人明显希望你成为谁。除了衣着之外，你的仪态还包括如何举手投足、打扮妆容、显现表情，是笑的时候多还是常皱眉，如何走路，拥有怎样的教养和社交礼仪等。

得到帮助

并不是每个人都对衣着和风格有着天生的好品位。比没有天赋更糟糕的是没有品位自己还不知道。像所有自我意识领域一样，最大的秘密其实根本就不是秘密，那就是得到真诚的反馈。

为了获得关于着装和风格的反馈，从色彩专家到百货商场的私人买手，从时尚的风格顾问到专注整体个人影响力领域包括提高外表的一对一教练，专家门类之多，不一而足。我们可在魅力值网站（www.charisma-effect.com）上找到有用的资源。

社交之罪

一位众所周知、极具魅力的电影明星，曾邀请一位年轻不知名的女演员共进晚餐。结果客人不仅没有来，甚至忽略道歉或解释缺席的原因。几天之后，这两位女士却在纽约现代艺术博物馆意外相遇。年轻女演员开始说道："我想，上个周二晚上你邀请我到家里吃晚餐了。""哦，是吗？"明星回复道，"你来了吗？"

如今礼貌可能不再是成功的首要条件，但这仍是影响你仪态的重要因素，不要把最好的举止留到特殊的场合，因为你无法拥有两套仪态：一套为你钦慕、欲留下深刻印象的人所准备；另外一套则是留给你认为不重要的人。要想有着良好的仪态，你不能因人而异。

由于礼仪就是人为的规则，所以在恰当的情况下，可以打破，例如在英国，人们通常认为男士在室内应该脱帽。但是一顶时髦的帽子是你个人时尚的单品，那么你则可以摆脱这个规则，用帽子来塑造独特的个人影响力。

以下有七条常见的致命社交之罪。

1. 某人向你表现出善意时，你却没有致谢。

2. 在会谈时坐相不好，包括在椅子上前后摇摆。

3. 在未被允许的情况下，与某人过于亲密。

4. 不尊重他人。

5. 没有直接鼓励的情况下，触碰物品或人。

6. 连续打断或大声说话。

7. 在某人面前，贬低对他们而言重要的人。

礼仪的关键是要得体，要对观众展示尊重。

个人妆容

现在我们来谈论一些比较私人的问题，意指这只能是你最好的朋友或完全信任的人才敢进入的一个领域。

布莱恩的公司派他去学习关于销售和分销的基本知识，他的工作就是去拜访小型零售药店，并接收补充库存的订单。在一家商店里，他和店主详细交谈之后，店主礼貌地邀请他到后面的房间里去，那里的存货一直堆到了天花板。

在这个空间并不宽绰的私人空间里，店主不露声色地说："布莱恩，有没有人告诉你你有极其严重的口臭问题？"布莱恩惊恐地瞪大了眼睛，说从来没有人这样说过。店主回复："好吧，年轻人，我劝你要去处理这个问题了，这可能对你的职业晋升产生很大的危害。"值得赞扬的是布莱恩立刻对这样的反馈报以感激，立刻找来牙医解决问题，最后证明是牙龈感染。

当戈登·布朗在担任财政大臣时，有关于其指甲上严重咬痕的新闻照传遍全世界。当然这并没有阻止他成为首相，但是确实削弱了一个管理一国财政非常自信之人的形象。

为了更好检查形象，不妨尝试一下反面的个人妆容杀手消除法。

个人妆容杀手消除法

诚实地观察自己，只在你确定的方格中打钩。

呼吸	口气清新吗？	
	如果口气不清新，有人会告诉你吗？	
头发	头发是洗过的，不油腻的并且非常摩登吗？	
	没有仅有几缕头发试图遮盖秃头的现象吧？	
牙齿	牙齿是否排列有序，看上去清新自然？	
面部毛发	鼻毛耳毛等是否仔细打理？	
	没有不规则、不好看，没有修剪或没有剃掉的区域？	
嚼口香糖	你不嚼口香糖！	
清洁	你的指甲、面部、手部等所有可看见的地方都清洁得很干净吗？	
指甲	是否精心打理，而没有啃过或嚼过的痕迹？	
头皮屑	不明显（在这个时代，没有理由让人们一眼就看到你的头皮屑）？	
皮肤	看起来鲜嫩健康，没有脸色不好，脱皮或发灰？	

这真是你最好朋友的用武之地

我们已经习惯了自己的身体，以至于很难识别开始削弱个人影响力的事，所以这真是你最好朋友的用武之地，你要去问所信赖之人，让他们坦率地告诉你，你是否有一些个人妆容杀手。

我的同事迈克尔·梅纳德就帮助过数不清的人去挖掘潜能和魅力。他提到个人妆容的关键点时说：“这就在于关怀，你看起来是否有关怀之心，或受到很好的照顾？”

姿态

艾薇尔是一名经验丰富的班主任，还是教育副主任。她在不断申请英国当地委员会的教育总监一职，也经常在面试中被列为最后候选人之一，但却总是未能赢得想要获得的高层职位。

私人教练提醒她，她在进入面试房间时，有一个习惯，总是低着头没精打采，好像她很抱歉自己待在那儿一样。她的精神状态也由于消极姿态而受到部分影响，这顺带似乎在说："我想他们这次会不会雇用我呢。"两种原因结合起来，直接影响到仪态，减少了魅力。

在一对一的训练中，艾薇尔学会了昂首挺胸地走路，进入房间就想象着自己已经是一位教育总监了，而自己参与其中，只是为了运用专业知识和相关经验回答一些问题。改变后，艾薇尔在下次面试时运用所学，并得到了即时任命。

当维多利亚女王还是小孩时，为了训练高抬下巴，而在衣领下放着一根多刺的冬青枝。猫王埃尔维斯、芭蕾男演员尼金斯基、演员约翰·韦恩、流行歌手普林斯的姿态也对打造他们独有的魅力颇有助益。尽管现在，我们往往不太重视姿态的重要性，但它还是能够直接影响仪态。

你可从外界的反馈中获益，不论是在一对一的培训课还是专门处理姿态和其他问题的工作坊。例如，看着自己穿过一扇门，去见一群陌生人，就可以得到启示。

如果你在电脑前一坐就是数小时，那一猜就知道姿态会受到影响。我们看到许多人低头弓背，走姿糟糕，这就是因为在屏幕前待了过长时间。大多数人认为站姿挺拔，就是要抬头挺胸、绷紧背部，其实不然。

脊柱有需要去保持的两条自然曲线。第一条是从你的头部底部到肩膀，第二条曲线是从上背部到脊柱底部。你可以在一位有资质的老师帮助下尝试亚历山大技术。该方法已得到认可，能防止弯腰驼背和不必要的肌肉紧张，能帮助你恢复自然的姿态，而且为运动和工作增加放松感。

如果你在试图获得一个良好姿态时感到了疼痛，尤其是来自背部的疼痛，或背部、颈部、盆腔受伤时，不要试着自己纠正动作。因为这可能造成进一步损害。在自己尝试胡乱矫正前，应联系医生或拜访一位懂得亚历山大技术的老师。

姿态练习法

● 当你站直时，要保证重量均匀分布在脚上，包括前面和侧面。你会觉得自己有点太往前倾，看起来有点傻，但其实不然。

● 把肩膀往前推，然后再挺直，接着再往后拉，最后下沉。感觉如何？如果你的肩膀有稍微的僵硬感或者是紧张感，那意味着有不必要的肌肉紧张情况。

● 如果你的头向前垂，你有可能没有正确矫正。让头部保持在一个水平线上，允许你直视前方而不必抬眼。如果这样造成颈部不适，你需要重新训练。

● 让耳朵与肩膀保持平行。

● 抬起双臂，达到肩部高度。

● 慢慢数到 10。

● 将双臂缓慢放到身体两侧，同时从 1 数到 10。

● 重复 10 次，不断检查矫正方式。如果刚开始 10 次太多，那就尽力去做就好。你至少会感觉到肩部肌肉有一点疲劳。

● 成为一只企鹅。在等待网页加载时，烤面包时，或等待微波炉加热好食物时，将肘部放在身体两侧，去用双手触摸肩膀。保持双手放在肩膀上，与耳朵平行，侧举双肘，数 1、2。然后将双肘放回腰部，数 1、2。在等待时间里，尽可能重复以上动作。你会惊讶 30 秒之内达到的锻炼效果。

“活着不仅仅只是为了生存，而是要生机勃勃，带着热情、带着同情，再加上一点幽默、一点风格！”

——作家玛雅·安吉罗

第三部分　化学反应

创造特殊吸引力

第十章　化学反应

“比按下快门更加重要的就是与人沟通。”新闻摄影之父、《生活》杂志的明星摄影家阿尔弗雷德·艾森斯塔特说。他与无数要求苛刻的名人合作共事过，从索菲亚·罗兰、欧内斯特·海明威、约瑟夫·戈培尔到个人化学反应产生大师比尔·克林顿，所以阿尔弗雷德·艾森斯塔特很清楚这一点。

明确自己的目的，并且做自己，能帮助你建立好打造魅力的基础。个人化学反应可化作催化剂，它可以将这些元素转化成磁力，让你脱颖而出，令人难忘。正是这点至关重要，且无形的因素能够改变每一件事情，甚至改变每一个人。

娱乐圈痴迷于人与人之间的化学反应以及其与魅力之间的联系。无论是在屏幕上还是在私生活中，葛丽泰·嘉宝和约翰·吉尔伯特，玛琳·黛德丽和导演冯·斯登堡，理查德·伯顿和伊丽莎白·泰勒之间的化学反应爆棚，在20世纪引领潮流。

近期，汤姆·克鲁斯和凯蒂·霍尔姆斯，布拉德·皮特和安吉丽娜·朱莉，朱莉娅·罗伯茨和理查·基尔，还有许多其他人的积极个人化学反应，都一直处于评论、八卦和分析的浪潮之中。

但有时候故事的内容正好相反。其中最广为人知的就是惠普董事会和他们魅力非凡的首席执行官卡莉·菲奥莉娜的决裂，他们之前关系却很融洽。但在2005年，惠普公司就草率地解雇了卡莉·菲奥莉娜。

有时人们的成功并非基于其魅力，相反他们对魅力决定成功一说轻蔑有加。电影《社交网络》将马克·扎克伯格描绘成一个不苟言笑、缺乏安全感、痴迷的年轻人，没有个性，也没有能力来创造个人化学反应。许多尖酸刻薄的前雇员和以前的朋友们评论这部电影非常真实。在电影里，马克·扎克伯格疯狂地用手机发短信，走在小镇上却对周遭一切事物都视而不见。几乎没有人能感觉到他有一点魅力。也许如果当你成为整个世界上最富有的年轻企业家时，这些都已不重要了。

我们无法观察到支撑个人魅力的化学反应，它包含了无形要素，如交感神经系统的唤醒，血压升高，双膝无力，感受愉快，快乐，生命的轻盈感，等等。

虽然化学反应和其对人类的影响还不为人知，但是我们肯定会注意到个人化学反应的缺失。例如，人们说："我们之间肯定没有化学反应。"这就意味着没有特殊的事发生。一个评论家在描述演员肯尼思·布拉纳时说道："不管魅力和磁场是什么，肯尼思·布拉纳都无法拥有或发挥出来。"

你是否一直坚持掌控一切，或喜欢微观管理？你总是想要事物按照你的方式来运行吗？如果是这样，那整个个人化学反应这个概念可能会让你感到沮丧，因为你无法轻易去衡量或控制化学反应，也不能完全确定个人化学反应正在发生。

个人化学反应听起来是如此煽情，好像一把把我们扔回了戴尔·卡耐基和他几十年前的畅销书《如何赢得朋友、影响他人》的时代。这本书基于心理研究和实际工作，来帮助人们真正取得更强大的个人影响力，其中包含一些实际原则，来激发个人化学反应。这些方法需要你不断尝试，反复试验，随时准备学习。

化学反应

很久之前，人类就掌握了生火的艺术。生火的方法非常简单，也易学，只需热量、燃料和空气。没有其中任何一个元素，结果就会尴尬地变得一团糟。魅力的化学反应则更加复杂，不仅仅是因为每个情况都独一无二，而且没人能肯定具体配料的混合量或是哪个元素才最为关键。

例如，在创造个人化学反应时，迷人有多重要呢？如果的确很重要，你应该获取吗？现代《牛津英语字典》甚至将魅力定义为“引人注目的吸引力，或能激发他人奉献的迷人之处”。

无论众人认可的《牛津英语字典》如何界定，迷人和魅力都不能同日而语。迷人是引诱、是安抚、是确保，甚至是促进自鸣得意。而在 19 世纪，一个臭名昭著的魅惑者就是乔治·博布鲁梅尔。他那有限的魅力却对他身边的人起了很大作用。尽管乔治·博布鲁梅尔态度极其懒散，但是他能奉承、诱惑他人去追随他每一个在衣服裁剪上的心血来潮。在短暂的一段时间里，乔治·博布鲁梅尔通过影响没有主见的威尔士亲王，成为了时尚和风向的弄潮儿。

迷人远比魅力肤浅。

迷人远比魅力肤浅，可取巧达到。演员加里·格兰特在屏幕上一度是迷人的化身，但也沮丧抱怨：“甚至我自己也想成为那个加里·格兰特。”演员肖恩·康纳利、罗杰·摩尔、皮尔斯·布鲁斯南都能轻松给詹姆斯·邦德这个角色注入不可磨灭的魅力，然而有批评者称，在所有帅气的面孔中，丹尼尔·克雷格早就很难与他人匹敌，更别说魅力了。

魅力激发、激活、激励、愉悦、促进行为。迷人者一离开房间，他们的影响也就随之消失。但是魅力非凡之人离开，人们会产生情绪的真空，渴望其回归。换言之，魅力非凡之人的魅力值是可持续的。迷人或许确实可以让你晚宴上的客人眼花缭乱，但是只有魅力才能让 2 万座体育场中的陌生人为之沉迷。

迷人显然是个令人愉悦的人类特点，但却不是创造强有力且持久印象的必备条件。仅有迷人用来创造正确的化学反应是不够的。要将其锻造成魅力，通常还需要其他重要行为，如坚强的品格等。

不幸的是，人们很容易变得迷人。例如，鲁伯特·默多克能够发挥个人的迷人之处，但是他的传记作者迈克尔·沃尔夫在《名利场》杂志中写到，鲁伯特·默多克的“自然状态”就是“战争”。另一方面，甘地和特蕾莎修女同样也富含一定的魅力，但更多人评论的是两位只要需要，就能开启魅力的非凡能力。

魅力创造的个人化学反应来自于下列元素的独特混合：

- 目的
- 做自己
- 微笑

- 眼神交流和肢体语言
- 能量
- 亲密关系

对你而言独一无二的配方，对其他人可能就不同了。这就是为什么你需要保持学习，尝试不同方法，直到满意自己魅力产生的影响。

能量

马丁·路德·金、埃尔维斯·普雷斯利和默罕默德·阿里凭借他们的存在感和高水平能量能让整个房间熠熠生辉。如同生火一般，个人化学反应总是需要能量的投入，并且指向一位观众。更加直白地说，要燃烧魅力，你必须要为之努力，在过程中投资自己，运用能量。

魅力四射之人能发挥能量也能吸引能量。

据科学家而言，我们每个人都有着一股跳动的能量，不断与周围的人和事进行交流。魅力四射之人能发挥能量也能吸引能量，创造出的生命力能部分阐述“个人磁场”的秘密。

我们谈论的能量指的既是生理上的，也是心理上的。心理上的能量是一种内部的力量，滋养了许多魅力显现的外部动力。只要加以练习，你就能学会培养心理能量。

外部能量将你的内在能量向外传播开来。这能够积极地影响他人，创造一种“感觉很棒”的体验，既引人入胜又值得回味。

如果你积极输出能量，那么他人也会感同身受，觉得有价值，并且生产力旺盛，他们同样对于你的魅力也会反应强烈。尽管你无法真正看见积极的能量，但是我们可以在行为中识别它，了解它。我们会说这样的人有热情，懂得奉献，令人兴奋，有热忱之心，有决心，性格奔放，甚至幽默十足。

天赋异禀的演说家不仅只是通过言语传达主旨，也需要积极的能量。将两者相结合，可以达到强大的效果，可以激励听众，有时似乎真的是让观众们“极度兴奋、忘乎所以”，以至于可以削弱其判断的能力。他们在这种影响中沉迷不已。举例来说，你会怎么去解释表演教练安东尼·罗宾斯的能力呢？他常可劝说那些着迷的听众在燃烧的煤炭中穿走。

男性和女性的能量是不一样的，分别对人的影响同样有差异。女性能量更倾向于直觉、接受和培养。魅力四射之人运用这种能量时会产生非常强烈的情绪影响力。不论男人，还是女人都可培养和运用这种能量，尽管女性通常更擅长于此。

同样，男性能量倾向于强烈、有力的一面。魅力四射之人运用这种能量时能成就事情，具有强烈的结果导向。尽管这种能量更常与男人联系在一起，但女人也常可把其作为自身魅力强有力的一部分。

那些能够在身边创造强烈个人化学反应的人，通常都能很好地平衡男性和女性形式的能量。我们将其称之为磁力或魅力。

我们能得出怎样的行动结论呢？

第一，要探索建立内在能量的方法，尽管人类已熟知内在能量长达数百世纪了。西方人对产生内在能量的过程不那么熟悉，但是加强内在能量的三大法则更为人所知。如下：

- 调整身体——通过姿势。
- 调整呼吸——例如通过腹部呼吸。
- 调节心灵——通过精神训练。

例如，冥想、瑜伽、太极、气功、亚历山大技术和其他一些武术门类如空手道等都是很好的方式，可挖掘如何系统地做到这些练习。

开始建立内在能量

1. 坐

行动：坐在地板上，放松身体，自然地呼吸，不想任何事只专注于正在发生之事。

时间：每天练习 5 分钟。

2. 呼吸

行动：从 1 到 10 去数呼吸，数到 10 后，重复以上步骤。让呼吸、吐气自然慢下来。

时间：开始几天先做 1 分钟，然后逐渐延长至 5 分钟。

3. 站立

行为：笔直站着，两脚平行，中间隔开几英寸距离。让手臂悬挂在身体两侧。闭上眼睛。精神上去"拜访"每个肢体，每个脚掌和手，然后是每一个肩膀，你的脖子和你的脸。检查哪些肌肉是紧张或放松的。让这些紧张的肌肉消除紧张感，放松下来。

时间：开始坚持 2 分钟，然后延长至 5 分钟。看似这对创造内在能量效果不大，但是这种训练是开始塑造魅力的不错方法。

第二，愿意拓展或者向外输出能量，影响他人。例如，你可以追求事业，为认定重要的事情而奋斗，为那些没有话语权的人发言，提出意见，为一直反馈的人们做出一定奉献。

第三，珍视能量，不要浪费。

亲密关系

亚当·莱文是流行乐队魔力红的主唱兼吉他手，他和粉丝之间关系非常亲密，但是他妈妈说："建立这样亲密的关系花费了亚当·莱文八年时间，在他第一次表演时，他甚至把背对着观众！"

亲密关系是建立一种联系。美国脱口秀主持人奥普拉·温弗瑞就因与观众之间建立起亲密关系而事业有成。她选择的方式就是讲故事和自我揭露。在她早期最喜欢讲的故事里，就有过去吸毒，童年遭人强奸，与不断增加的体重做斗争时还曾经吃过一大包浸在枫糖汁的热狗面包，等等。

学习如何建立亲密关系与获得其他技能没什么不同。如果你不是天赋型的网球选手，那么多加练习和得到教练指导都会很有帮助。同样，指导建立亲密关系并多加尝试，也能帮你提高。一个好的开始，就是需要在观众身上投入比之前更多的注意力。（见下表。）

我们每个人都会用自己的方式与他人建立关系，这是一门艺术，而不是科学。为了鼓励创造亲密关系，你可以运用以下列举在下页文本框里的部分或所有技巧。

亲密关系建立元素

- 连接——寻找你与观众有共同之处的领域。
- 敏感——通过观察语言和非语言线索，理解他人心理状态。
- 同理心——想象站在他人角度，去理解他们以及正在经历的事。
- 尊重——避免让人感觉不好，或在从某种程度得到贬低。
- 身体——匹配和模仿他人姿态，可以影响他人与你的关系；当你像他人一样对这些姿态感兴趣时效果最佳。
- 语言——精心挑选的词汇可以影响人们的情绪并提高亲密关系，例如真诚的赞美。
- 问题——有智慧地提问可给某人闪光的机会，例如提出一些开放性的问题，鼓励他人交谈并分享有趣的信息。
- 支持——提供无条件的帮助或信息，暗示你想要建立这段关系。
- 故事——讲自己的故事之所以能奏效，是因为倾听者不仅觉得有趣，他们更会从一个全新的视角来看待你。

交流同理心的方式

- 避免做出判断：明确表示你并不是在评估或批判他人，只是去试图理解。
- 带着关心认真倾听：用适当的面部表情和肢体语言来表现你的参与。

● 反馈：向他人传递你认为他们正在经历的感受，检查感觉的准确性。

● 自我披露：提供一些个人信息去分享理解，但要避免把重点放在自己的身上。

● 为他人说话留出空间：不要把沉默的间隙里填满你自己的想法和感受。同理心是常给予他人空间来反思和分享。

● 检查反馈：观察你得到的反馈线索是否正确，如反馈之人点头，或如反馈“这是对的”或“正是”等词汇。

● 有耐心：要获得同理心就不能匆忙，因为没有捷径可走。

基于好奇的同理心才能奏效，这是一种经过深思熟虑的“无知”。不要假想他人的所思、所感，甚至所指。通过认真倾听，充分关注，适当身体语言和鼓励，你能展示你是真的感兴趣，这种效果实际上是在说“告诉我更多”。

注意力

一位英国同事说，在和比尔·克林顿会谈时，这位前总统“总是让我感到他飞越大西洋只是为了和我交谈”。

如果把完完整整、没有分散的注意力加于某人，如同克林顿一样，你就可随意运用最为得意、最具吸引力的方法来建立亲密关系。完完全全的注意就意味着，不论是一个或多个观众，都要完全占据你的视野。这就像是给马戴上眼罩，排除一切干扰。

在与个人交谈时，不要掠过其肩膀去看可能发生了什么，也不要腾出半只耳朵来听附近的一段谈话，更不要随意摆弄手机或笔记本电脑。相反，你应该保持专注，如同激光一样对准正与你打交道的人。

身处群体中时，就意味着你需要不断观察一些迹象，来了解这些观众需要从你那儿获取什么，然后再满足他们。不要仅去推动你自己的日程，而应不断扫视、观察和分析。

在建立亲密关系时，要做到保持注意力完整远不仅只是盯着某人的脸来看。当然，你可以保持一个常规的眼神交流，微笑并且充分运用肢体语言。但是，完整的注意力意味着你需要练习并且掌握各种各样的动作。

例如，你要看起来非常感兴趣，记住人们的名字，积极倾听，谈论兴趣，认定打交道之人非常重要。接受并且建立这段关系，让他人自我感觉不错，而非相反。

看起来感兴趣

要看起来感兴趣，你需要真正感兴趣！这就部分解释了为什么许多成功人士能够快速打造超凡魅力。如果仅简单来讲，他们向你展现了真诚、强烈以及有益的兴趣。

对某些人感兴趣可能会让人觉得比较挣扎，尤其是当对方自己都很难理解他们自身的特别之处在哪儿。但如果能够深入挖掘，那么每个人都会对自身怀有好奇，如他们的意图、经验、观点和欲望等。魅力非凡之人往往可花费宝贵的能量来挖掘他人，设想他人有值得去探寻的地方等待被发现。

而某些迹象表明你正对他人感兴趣。例如，你在恰当时机点头，安静地前倾身体，发出鼓励的声音如“嗯、哼、啊”，看起来在思考，等等。一些小的动作可能一时很难发现，但是这些动作就能把产生个人化学反应之人与不能产生个人化学反应之人区分开来。（例如停留的目光接触，见第十二章。）

运用并记住名字

据说，听到别人说起自己名字的声音是世界上最为甜美的声音。在建立亲密关系时，富有魅力的人知道记住名字的重要性。那你在这方面表现如何？还是你像许多人一样，就是记不住别人名字，同时却希望自己能够做得更好？

组织世界记忆锦标赛的大脑专家、作家托尼·布赞解释道：“人们会忘记的主要原因首先是他们没有得到足够关注。”尤其指记起人们的姓名。我们为什么会失败，原因很简单，就是没有付出足够的努力来回想一个名字，哪怕我们就在不久前听到过它。

若声称“我在记忆名字方面的记忆非常糟糕”，那只不过是在逃避。因为这是一个很方便的方式去暗示忘记是不可避免的，就好像你失去了回忆名字的基因一样。

事实上，除非你真的有实际的健康状况，否则通过一些简单、经过反复考验的方式，你肯定能加强记忆姓名的能力。真正的问题在于：你对提高自己魅力有多认真？如果你下定决心，那么抱歉，你可能需要在记忆姓名方面更为投入！

“我们有许多共同点。我爱他，他爱他。”

——女演员雪莉·温特斯《苦乐参半》

七大记忆人们名字的方式

● 渴望：你必须是真诚地想要去记住这个人的姓名。

● 停下来倾听：我们经常是见到了某个人，就直接进入了另一段谈话。

● 运用：在谈话当中运用几次，但是不要过度重复，在五分钟会谈中重复三次，听起来就有点像在勉强。

● 验证：除非这个人向你自我介绍了，那么在你喊名字之前一定要核查。

● 连接：不要把名字作为一种声音，而要把它直接想成是一种方便记忆的，尤其是古怪的形象。

美国一位总统让许多员工都啧啧称奇，因为他总能记住大家的姓名，他的方法就是将人的名字可视化，就像把这个人的名字黑体字体印在额头上一样。

萨曼莎——是只性感且皮毛为黑色的豹子

杰克——在爬一个浅红色豆茎

托马斯——蒸汽机车的前面

约书亚——炸毁耶里哥的墙

格雷斯——是一只优雅（英文中优雅与格雷斯同形）闲走的小羚羊

鲁比——陷进在一个巨大的红宝石（英文中红宝石与鲁比同形）中，想要爬出来

● 写下来：记下这个人的名字；如果不方便，那么就仅想象自己在写，即便是悄悄用手指比画着，模拟书写的感受。与此

同时，在你的头脑里默默地说出名字。然后真正写三遍这个人名字，再把他们的面孔在头脑中刻画出来。

● 面部档案：初次见面时，找出他人面部的显著特征。可以是他们的鼻子、大额头或嘴唇。忽略头发和眼镜，因为它们会随着时间推移而发生改变。

对自己说出他们的名字以及面部特征，例如，“长鼻子的约翰，小嘴巴的彼特，下巴有酒窝的迈克，绿眼睛的梅勒妮”。

积极倾听

2001 年某天，电影导演罗曼·波兰斯基打电话给制片人，同时也是作家的罗伯特·埃文斯。罗曼·波兰斯基抱怨之前遭遇了车祸，弄坏了他的新奔驰车。埃文斯问道：“发生了什么？”

“我开车正要去香榭丽舍大道，路上听着你的新书，”波兰斯基解释，“然后我捧腹大笑，结果就撞到了一棵树上。”

不要在专心倾听时，同时做着别的事情。例如，如果你和某人说着话，还继续敲着键盘，在手机上查着信息，在笔记本上随意写画，或摆弄桌上的玩具，就不要期望可以跟交谈之人建立密切的关系了。

积极倾听时，确保你内心有清晰的目的。

积极倾听时，确保你内心有清晰的目的。例如，你能选择获得某些特定信息时保持警惕，可以是解决问题，或理解、鼓励他人等。你也可能决定去留心一些具有启发性的短语，或是透露内心情绪的言语，特定的声音语调，特殊的讲话模式，暗喻和图片的运用。这些都可以告诉你一个人的所思所想，还能提供你如何反应的线索。

积极倾听练习法

1. 面对说话人——表现专注，坐直或稍微往前倾。

2. 保持舒服的眼神交流——避免让目光游离到他人或正在发生的活动上。

3. 将外部和内部导致分心的元素最小化——关掉笔记本电脑和手机，要求发言者和其他听众也这样做。

4. 应承——人们说出“嗯”“哼”以及点头时，抬起眉毛，提供一些评论如“真的”“有意思”。

5. 仅聚焦发言者说话的内容——试着不要去想你接下来想要说什么。

6. 留心非语言线索——注意说话者做了些什么，这和他或她说话的内容同等重要。

7. 保持开放的心态——避免假设人们所思，以及他们接下来会说些什么。

8. 避免提供一些无来由的建议——确保人们需要建议，向你问出一个比较详细的问题，有暗示需要建议，你再说出来。

9. 倾听一些关键词或词汇——它们能够暗示感受和情绪。

10. 参与——询问是为了阐述清楚，而不是去进行一个审讯。

11. 反思——在玩精神博弈前，绝不要先提供你的意见，除非你首先大声总结对他人说法的理解。运用如下的反思词汇：“你说了”“你提到”“你之前建议到”“你描述过”。

12. 不要打断——加以练习，你会做得更好。即使说话者有所停顿，也不要发言，要等待确认发言者是真的结束了。

谈论兴趣

随着人们相互了解，建立关系，他们会交换越来越多的个人信息。你问起某人兴趣时，即在激发他们的热情。开始谈话的一种方式就是分享你现在的工作和社交兴趣，看看这些话题是否能够抓住他人的胃口。

对人重要待之

人们喜欢受人尊重，备受珍视的感觉。完完全全去关注就可以做到。例如，认真对待人们所说的话，给出一些比较明显的想法。即便你不同意他们的观点，也要让他们知道你只是对事不对人。要向人们询问他们的观点、看到的问题和保留的意见。

在这个过程中，可以找到一个交叉点，然后发现共同合作的事，并提升你们之间自然发生的化学反应。

接收和建立

接收和建立的精髓就是接收别人说的话，并且建设性地运用。你可以不断地为他们的建议或说的话增加价值，并非一定要同意他们的想法，如你可以选择在不同的方向上汲取灵感。

开启接收和建立进程的一个非常棒的办法，就是不断地运用词汇“是的，而且……”来回应他人，而不是“是的，但是……”。

接收和建立行动法

“为什么我们不离开办公室，然后在河边一起度过一个下午呢？”

“是的，而且我们也可以每人带来一份食物，做一个团队野餐。”

“是的，而且可以让人带来 MP3 的播放器，接好扬声器，来点音乐。”

“是的，而且我们能提前询问人们想要什么样的音乐。”

“我想是时候有一本新的宣传册了。”

“是的，而且也许是时候重新做我们的网站了。”

“是的，而且重做网站时，为什么我们不……”

“这个办公室又开始看起来一团糟了，是时候再进行一次集体大扫除了。”

“是的，而且我们可以雇个人来为我们做。”

“是的，我还可以在那天也组织个垃圾回收的活动。”

“是的，尽管我个人喜欢乱乱的感觉，但我还是会弄点音乐，在你打扫时活跃下气氛。”

头脑风暴是接收和建立行动法可运用的最佳场合。如果头脑风暴运作良好，参与人员会把批判留在后面，早期阶段，每个人都会提出建议，持续不断鼓励大家在彼此的贡献上有所发展。

将接收和建立行动法融入自然反应的一部分，那人们会认为你是积极而非消极之人，是一个重视他们说话并富有强烈个人魅力的人。

让他人感觉不错

通过展示你关心他人的成功或成就，可建立亲密关系。不论多么小的或微不足道的成就，都要创造机会表明你很重视他们特定的贡献。这样做你就成为他们成功的一部分了。例如：

- 在团队会议上，某人提了一个问题，你就可以抓住机会让他们感觉不错，可以这样说："这真的是一个好问题""你总是能抓住问题的关键"，或"我打赌，这一定能给我们很多思考的素材"。
- 当你把客户介绍给同事时："这是玛丽，运营客户服务中心，为了让客户开心，她绝对有热情。"

让他人感觉良好，就像是在谈一场公开的恋爱，但这只会永远存在于工作环境中，而不会带到私人生活里。

互惠

人们彼此相处时，就需真诚地给予和索取。做不到这点，人类之间就会很少有实质性内容的交往发生。假设他人想和你建立一段关系，那么需运用互惠的基础原则。

- 要想得到关注就要全神贯注。
- 要想变得有趣，就要有所兴趣。
- 想要得到理解，那么就要去寻求理解。
- 避免让人感觉糟糕。

这和我们之前谈到的让人们感觉不错的方法相似。不要反驳，找出错误或暗示人们哪里做错了，不如提供一个全新的视角，不同的观点或别的阐述。

例如，假设某个人在作报告时展出了一页幻灯片，其中有一列的百分比似乎加错了，请不要直接指出他的错误，让他觉得自己很无用。你可以找到另外一种不同的方法，例如说："这一列相加起来超过了100%，是否因为有可能存在舍入误差呢？"

说出来

分享你对当下可能发生事情的观点，邀请他人也发表观点。例如：

- "除我之外还有任何人需要休息吗？"
- "看来我们意见相同，那我们继续下去吗？"
- "你听起来对我的反应有点沮丧，我们能谈一谈吗？"
- "我感觉对此有些困惑。"

当你说出发生了什么，就可以减少消极能量，增加积极能量。例如，如果你说"我在这儿度过了一段非常美好的时光"，其实你也在邀请他人产生同样的感觉。

富有魅力之人言语中经常会夸张地形容正在发生的事情，如"这简直太棒了！""了不起！""哇！""多么令人兴奋啊！""见到你我真是太高兴了！""这简直让我印象深刻！"只要这些话发自内心，就可传递一种真诚的快乐、兴奋、理解等感觉，相当诱人。

行动中的化学反应

魅力创造化学反应就像是在黑暗中做料理。即使有了菜谱也知道原料，你仍然需要自己操作并正确混合，做好这份特殊的魅力蛋糕。

具有强烈魅力之人会在与观众建立亲密关系时投入能量和技巧。这包括一整套人际关系之间的行为，既可学习，也能练习。其中一部分比较具象，另一部分则不具象。但几乎所有技巧都可由能量投入，个人视野或自我意识而得到提升。

第四部分　深入挖掘魅力

第四部分主要描写魅力的三大具体方面，这与做自己的含义和魅力的化学反应也联系起来。

- 微笑和魅力
- 眼神交流和肢体语言
- 领导力和魅力

在每一方面，都有可实际操作的方法，来加强魅力、加深对人们的印象。

第十一章　微笑和魅力

顶级喜剧演员迈克尔·麦金泰尔脸上挂着的笑容，就如同他壮实的身体一样粗犷。他总是咧着嘴笑，在舞台上走来走去，讲着令人捧腹的故事。麦金泰尔一场全国巡回表演的售票，提前18个月便销售一空，他那奇特的表演和独特的风格征服了所有年龄段的人。

麦金泰尔随时随地的笑容非常具有影响力，因为他看似非常享受当下。麦金泰尔显然热爱在舞台上的每一分钟，来和全神贯注的观众进行互动。加上无穷尽的能量，麦金泰尔的笑容似乎宣告着："我做这些，乐趣多多。"

麦金泰尔很少需要强颜欢笑，因为这是他明显魅力中的内在一部分。对于麦金泰尔和许多其他人来说，笑容铸造了他们的魅力，但是同样也会有许多人会想知道其中的缘由。

例如，为什么我们首先需要微笑？微笑对于魅力而言是必备的吗？什么是发自内心的笑容？我们是否能为了获取更强烈的魅力影响力而去修补笑容呢？在不可避免的情况下，假笑有助于提升魅力吗？

为什么我们要微笑?

千百年来，微笑在人类发展的历史中，以及公众对个人魅力的认知中都扮演着重要的角色。

最初，微笑的目的有限，只是能让我们与他人远距离进行沟通，例如在狩猎或抵抗潜在敌人时。加州大学伯克利分校的心理学教授达彻尔·凯尔特纳说，人们能在300英尺之外就感觉到笑容的存在，即便这个笑容只存在3秒钟。“在那段时间，你可以比其他时候更多地展现自己，有时甚至会透露一些重要的大事。”后来笑容在影响他人，说服他人，以及影响他人如何感受等方面发挥了重要作用。

微笑是沟通各种新信息的便捷方法。据推测，这就是为什么我们可以利用研究者至少知道的18种微笑来阐述观点。

微笑也有传染力，对塑造魅力有重要暗示。

和打哈欠一样，微笑也能有传染力，对塑造魅力有重要暗示。最新大脑研究识别了一种特殊的神经元种类，首次解释了为什么我们会回应微笑。当你看到他人微笑时，一个镜像神经元就会在脑中激活，开始复制微笑，最终你几乎不需任何思考就会报以微笑。一个印度人表达得更加有诗意:“送人微笑，口留余香。”

在近期神经元科学中，镜像神经元是最为重要的发现之一。这证实了为什么常常微笑会产生深刻的影响，在没有意识到的情况下就影响到了他人。英国赫特福德大学心理学家怀斯曼教授，因研究运气、欺骗、超常现象和幽默而在国际上享有较高名望。

他阐释道："尽管你知道人们让你感觉很开心，但并没意识到你正在模仿这个人。"

"这是情绪的传染。"佛罗里达大学副教授、大脑专家阿米尔·埃雷兹说道。

考虑到一个人可运用到的不同微笑有如此之多，那哪种微笑是散发魅力时最具影响力的呢？世界上在微笑领域最伟大的权威专家加州大学心理学教授保罗·艾克曼说："最好的笑容就是发自内心的微笑。"真正发自内心的微笑来源于真情实感。

关于微笑的事实

- 我们天生就有一张微笑的脸。脸上隐藏着3000多块肌肉，就是为了组合创造不同的脸部表情。许多脸部表情稍纵即逝，难以察觉。尤其是一些潜意识的表情。
- 微笑比皱眉更加容易。皱眉需运用到43块脸部肌肉，而微笑仅需用到17块，当然如果假笑的话要调动面部53块肌肉。
- 你天生就会微笑，根本不需要学习。即便是失明的婴儿也会微笑。
- 女人比男人笑得多，这会不会就是为什么女人更为长寿的原因呢？
- 研究可以识别18种用于各类社交场合中的特别微笑。
- 研究表明，如果你微笑的话，人们会觉得你更诚实，更有吸引力，更善于社交，更有能力，因此微笑对打造个人魅力很有助益。
- 因为微笑会让大脑中释放出化学物质血清素，所以微笑真的会让你感觉更好。

- 塑造强烈魅力并不一定需要微笑，但是微笑肯定会有所帮助。
- 微笑可以在回应他人时，引起一种不受控制的大脑反应，促使人们以微笑回应。
- 发自内心的微笑才最为奏效，强颜欢笑很快就会被大多数人所觉察。

微笑是魅力的必备条件吗?

“我记得安妮塔的笑容，她灿烂的笑容就预示了一切。”

——美国作家玛丽安娜，安妮塔的忠诚粉丝

安妮塔是意大利演员、模特儿、时尚设计师以及滚石乐队基思·理查兹的浪漫伴侣。

在很多情况下，魅力和微笑其实密不可分。并不是说微笑是强烈个人影响力的必备条件，但微笑当然能有所助益，尤其当脸上挂着的是真诚的微笑时。

不管你对巴拉克·奥巴马有何看法，或者是他代表了谁的利益，但这个男人总是挂着一副令人信服的笑容。一如其前任比尔·克林顿。微笑成为了奥巴马魅力的招牌特征，对此鲜有人会提出异议。然而微笑对于创造魅力有多么重要呢?

微笑是巴拉克·奥巴马和比尔·克林顿在工作中取得巨大影响力的部分原因。尤其是克林顿不只是在微笑，他简直是欣喜若狂。对于他而言，影响身边的人不仅是责任，而且是他所最为享受的事。

有时笑容是一个稀缺品，魅力最为奏效。

有时具有极致魅力的人也可能会缺少自然的微笑。所以，很明显，即使没有持续温暖的笑容，也是很有可能培养出强大魅力的。事实上，有时笑容是一个稀缺品，在某一时刻突然绽放，像阳光一般照亮周围事物，此时魅力最为奏效。

如前所述，微笑在沟通里是非常实用的方式，最近我们会将微笑与和人相处时流露的自信、能量、愉悦联系起来。这样的联系可增强魅力，因为人们都能识别微笑，并发现自己自然而然地也会同样回应。

具有强烈魅力的人会常常微笑，这一点也不奇怪，因为微笑能分享人们的快乐，传播让人感觉良好的因素。微笑是促进个人魅力的一部分，不论是展示同理心，还是建立亲密关系。

微笑练习法 1

如果你常常忘记微笑，你的微笑肌肉真的会开始萎缩，那么可做些练习，重拾微笑。

1. 长时间观察镜子中自己的微笑，至少连续保持 5 分钟。

2. 仔细记录你的观察。例如，你的面孔是否是板板正正，如机器一般，还是眼睛似乎也开始闪闪发光？

3. 找出一些你微笑的照片，即使你讨厌拍照，也可至少找到一张看起来很不错的照片，有着自然感染力的笑容。

4. 用这张照片来好好看看脸部表情。

5. 回到镜子前，开始练习那个特别的微笑，注意给人的感觉是怎样的，这样不用看着镜子也能复制笑容了。

6. 开始写微笑日记。记录脸上挂着真实笑容、快乐和大笑的时刻，不管快乐和欢笑多么微小，多么短暂。

7. 仅从某一刻时间开始，重新去感受那时的情绪，回忆细节，让这一刻的微笑栩栩如生。

8. 如果在开启微笑日记过程中遇到问题，日记也能告诉你为什么要把微笑重新放在个人日程上。

尽管微笑肯定能帮助你增加魅力，但是只有发自内心的笑容才最为奏效。

什么是发自内心的微笑?

“她的微笑不是为了让任何人看见，微笑的所有目的只是微笑罢了。”

——玛利亚·里尔克，《另一个自我日记》

正如前面所述，有证据表明，微笑时大脑中会释放某些化学物质，包括让人感觉良好的血清素。血清素会引起身体上的改变，让人放松，提升幸福感。不管是脸上真的呈现笑容，还是仅在内心微笑，这种微笑或只是想想微笑都对你非常有益处。

发自内心的微笑不会有任何古怪之处。这种微笑是发自内心的，并不是仅让脸部肌肉活动。的确，用任何一种仪器都无法侦探出内心的微笑，除了用血压计测出血压降低外。

但是，哪怕是世界上最理智的人都知道是存在发自内心的微笑。他们非常珍视这类微笑，自觉或者是不自觉地都会加以勤勉练习。许多拥有令人羡慕的魅力之人，都会依靠内心微笑来创造真诚且外在可见的微笑。

所以发自内心的微笑会影响外在微笑，成为魅力必备要素。既然不能看到内在微笑，你怎么能去发现它呢？那就从“观察内心”开始。这意味着需要投入时间，增强自我意识，对当下所感更加留心。

找到发自内心的微笑仅只是开始，下一步就是让其向外延伸，如此便能影响需要魅力的场合。以真切的微笑展示出来，人们会认为你是真诚的，因而可影响你的仪态和对待人们的态度。

打磨发自内心的微笑

你可以在乘飞机、堵车、购物排队、准备会议、准备报告、或办公休息时等打磨发自内心的微笑。

- 保持身体不动，睁开或闭上眼睛。
- 接受并意识到自己在哪里。
- 运用过去快乐的经历记忆来感受平静，可以是看见一个微笑的婴儿，也可以是在某处你觉得可以和世界融为一体。
- 感受能量穿过你的身体，向外、向下、向上、向内辐射。
- 寻找一种微笑的感觉，在内心某处微笑的微弱痕迹，但一定要由内而外。你甚至会发现将手放在心口上也会很有帮助。
- 稍微扬起嘴角，不要勉强。让嘴角自然上扬，因为发自内心的微笑会轻轻地蔓延在脸上。感受微笑让眼神更加柔和。
- 在你接触自己笑容时，允许微笑有自身的活力，并且体会这美好的感受。不要强颜欢笑，让其自然发生。

- 注意想起微笑怎样能鼓励露出微笑，并引起更多微笑。
- 对发自内心的微笑保持平静，并享受当下。让这种感觉能保持多长时间就尽力保持多长时间。
- 走出家门，迈向世界，发自内心微笑，向外传播。

你总是可以留出时间，练习发自内心的微笑。

如果你想给人们留下深刻印象，需要充分发挥魅力，那么就发自内心地微笑吧。

修补微笑

在我们这个注意形象的时代，有一整个行业都在致力于改善人们微笑的方式，不论是改变牙齿、鼻子、发际线，抚平皱纹或填充下垂的下巴。

一些名人意识到好的笑容可帮助他们获得更强烈的影响力，所以不惜重金花在整形美容上。像飞蛾扑火般在“微笑整形”上大手大脚花钱的有汤姆·克鲁斯（1.5 万英镑）、凯瑟琳·泽塔 - 琼斯（2 万英镑）、大卫·鲍威（2 万英镑）、妮可·基德曼（2 万英镑）、迈克尔·道格拉斯（3 万英镑）以及裘蒂·洁德（3 万英镑）。

电影导演迈克尔·贝解释了为什么演员本·阿弗莱克的笑容如此昂贵：“为这副珍珠白的牙齿，我们花费了 2 万美元……本·阿弗莱克还有些乳牙……所以我的牙医让本在那里治疗了一个礼拜，每天 8 小时。”

露出笑容，增加魅力，让粉丝为之倾倒，这不仅仅只是几次补牙、戴牙套，或上几节口腔卫生课那么简单。无数牙科医生成为了微笑商人，为不断扩大技术库而提供服务。他们许多要价昂贵，而且需要定期重复。今天的微笑商人来自致力于改善微笑的悠久传统。

在这个世界上，千百年来，人们就知道微笑是给人留下更为深刻印象的根本源头。古代文明利用类似牙齿的材料来进行整容和修复。早在公元前 700 年前左右，伊楚利亚人就用象牙和骨头制作假牙。早期的微笑商人，甚至从死人那里获取牙齿，或从活体捐赠者那里购买。尽管这听起来令人毛骨悚然，但是这一做法却一直持续到 19 世纪。

牙齿美白和种植是微笑行业的标准服务。但是如果你正在考虑用上述这些方法和技术去提升自信和魅力，那么还是需要谨慎再谨慎。根据芝加哥牙科协会对 350 名牙医进行的一项调查，十分之四的牙科医生都对他们的病人有着过分虚伪的笑容表示担心。

种植同样会引起诸如种植物周围感染等问题。神经损伤会导致下巴、嘴唇和牙龈的麻木、疼痛或持续性的刺痛。外科手术也可能会伤害附近的牙齿和血管。

注射肉毒杆菌是商人向微笑寻求者兜售的常见方式，可减少皱纹，使面容看起来更年轻，但这也绝不是灵丹妙药。注射肉毒杆菌会引起生理问题，包括让人看起来就像中风，眼皮下垂，说话含混不清，嘴巴耷拉，额头不对称，甚至眼睛也闭不上，等等，这对提升魅力几乎毫无帮助！

更重要的是，我们表达情感的能力主要取决于我们的面部表情。如果有一些比较深的皱纹，可能拥有一个表情丰富的脸。例如，对领导力研究表明，人们仅凭观察面部表情，就可准确评估他人的自信程度、控制欲、亲和力和可信度，等等。如果注射了肉毒杆菌，消除皱纹，可能会削弱而非提升影响力。

在所有关于"好莱坞式笑容""微笑化妆"，甚至"微笑提升"的讨论中，仍存在一个事实：其实太多魅力都源自你内心所发生之事，而通过化妆整容来修饰笑容对提升影响力几无帮助，除非你凭借此举能建立起自信和自尊。

微笑的力量

电影行业和明星们需要培养强大的个人魅力，从而继续引导着人们探寻微笑的作用。

整个电影事业都可能源于微笑的力量。例如朱莉娅·罗伯茨身上贴有"世界上最昂贵笑容"的标签，直至最近，这个宝座才让位于《丑女贝蒂》的主演，这部电视剧让其丑陋的笑容价值1000万美元。

英格丽·褒曼的第一次电影亮相，就是从酒店房间走廊跳出，微笑着要了一份晨报，这幅场景立刻建立起她强烈的屏幕个人形象：新鲜出炉、清朗健康、笑意盎然、外向奔放。

如果你是一位女性，想攀爬现实生活中那滑溜溜的职业阶梯，那么大量笑容能帮助你冲破所谓的玻璃天花板提升魅力吗？

过度微笑可能会阻碍魅力。

过度微笑可能会阻碍魅力，因为人们对于女性有着不可撼动的刻板印象，那就是女性常过度微笑。社交心理学家南希·亨利非常形象地给女性的笑容贴上一个"妥协徽章"的标签，女性常过度微笑就是为了抚慰更加强大的男性。这意味着女性和一位更有权势的人物交流时，表达的少即是多。例如，在社交场合中，女性微笑百分比是 87%，而男性是 67%。就回应来自异性微笑的概率而言，女性超过男性 26%。偶尔微笑可能比常常微笑更有助于提升魅力。

如果你不顾自己的情绪状态而一味微笑，将无助于提升魅力。微笑无来由或女性过度微笑，都不仅不会塑造魅力，甚至可能会削弱魅力。

我们有办法让你微笑

马云是高科技电子商务公司阿里巴巴的创建者，他有意识地去寻找一些面带微笑的员工。他说道："我们去招聘员工时，会寻找那些天生乐观、快乐的人。让一个快乐的人不快乐很难，但是让一个不快乐的人快乐更难。我从一个人脸上的微笑就可判断这个人是否能成为我们的员工。"

需要微笑、传播幸福和欢乐产生的压力就像是一种勉强的魅力。例如，无数的工作现在要求员工不仅仅只是站在柜台或桌子后面回答问题，他们还得随时报以微笑，不论自己是否愿意。

这种对即时微笑的要求源于令人信服的证据：员工笑容越灿烂，那么客户就会越开心。自然，雇主已经注意到了这一点，并采取相应行动。例如在美国的咖啡店里，研究者们就兴致勃勃地观察了 173 次客户和雇员之间的交流。在交易过程中的不同时刻，研究员对微笑的力度进行评级。微笑的范围从"没有笑容"到露出牙齿的最大化笑容。然后研究者们询问这些客户的服务体验。结果是员工的笑容越灿烂，客户更可能觉得这位员工能力越强，且对服务体验更加满意。客户可能留下更多的小费给微笑的雇员。这些证据更加助长了对强颜欢笑、故作魅力的需求。

这种笑容甚至蔓延到了奥运会，例如，无论输赢，花样游泳选手不仅需协调动作，而且还要带着同样的鼻夹，露出一样的笑容。奥运会的体操运动员也是如此，他们通常都需要以一个固定且略带忧愁的微笑来结束例行表演。

在 2012 年举办的伦敦奥运会上，中国潜在奖牌获得者是否要再次接受培训，告知微笑的重要性，且笑起来要露出 6 ～ 8 颗牙齿？之前奥运会也有过，尽管这种培训让运动员们看起来好像吞下了一个衣架。

微笑练习法 2

你知道什么能够让你微笑吗？

这里有某人于 2011 年给出的 21 个理由：

非洲雏菊，在一个下着雨的早晨躺在床上，跳舞，与蝴蝶亲吻，和家人在一起，回家，做危险的事儿！回答正确，得到一个不错的分数，阅读《哈利 · 波特》，在太阳底下，滑旱冰，吃蔬菜，做饭，看着老的音乐片，孩子们，游泳，唱我知道的抒情歌曲，和密友在一块，让他人大笑，讲老掉牙的笑话。

轮到你列出 5 件可让你面带微笑的事。

____

____

当你觉得缺乏微笑时，可用上述例子随时提醒自己。为什么这些事物可以让你微笑呢？是什么导致了你的反应？

假装的微笑能有助提升魅力吗？

因为微笑能增强魅力，所以看起来保持微笑是明智之举，即使你必须得假装。但其实假装的微笑很容易被人发觉，所以这么做可能是弊大于利。

19 世纪法国医生纪尧姆·杜兴发明了两种截然不同的微笑，其中一种无法伪装。杜兴式微笑是真实的笑容，既需牵扯到颧骨大肌肉，也需牵扯到眼轮匝肌肌肉，前者让嘴角肌肉上扬，后者让脸颊上扬，形成眼周鱼尾纹。

你无法直接控制第二组肌肉。即使你能让脸上挂着笑容，但眼睛也会出卖你。打一出生，我们就学会了识别虚假笑容透露的迹象。真正有魅力的人真的是用眼睛微笑，因为他们的微笑是发自内心的，这样才能展露出真诚的外在微笑。

非杜兴式微笑仅运用了颧骨大肌肉，这曾被称为泛美航空公司式微笑，因为这家现已倒闭的航空公司之前的空乘人员都会闪现同样的虚假笑容。现在我们称之为“肉毒杆菌式微笑”，一种并不需眼睛参与的笑容。

“戈登·布朗面带令人惊恐的微笑，参加他的新闻发布会。笑容宽广似洞穴，无疑，他本认为这个笑容可让自己看起来既放松又自信。实际上，这个笑容看起来就好像是牙医用一个钳子做辅助物，把戈登·布朗的嘴巴固定住，然后让他大大张开嘴。然后牙医再把辅助物拿出来并说道：‘首相，请只是坚持20秒！’

“然后这个扮相瞬间坍塌，戈登·布朗重新回到了他正常忧虑皱眉的形象，就像是一个咬指甲的人意识到突然咬破了皮，还要很快去血淋淋地参加竞选演说活动。”

——西蒙·霍加特，《卫报》2007年11月28日

之前提到的心理学教授达彻尔·凯尔特纳是研究40多块面部肌肉的专家。人们运用这些肌肉去传达魅力、做出假笑、安抚他人。在评论真实笑容时，达彻尔·凯尔特纳提到了演员朱莉娅·罗伯茨。大家都认为朱莉娅·罗伯茨的灿烂笑容是她成为超级明星的原因。

“朱莉娅·罗伯茨的笑容很迷人，但在公共场合时，你很少能看到她的笑容直达眼睛。”达彻尔·凯尔特纳说道。其实这是变相阐释朱莉娅·罗伯茨在假笑。如果真是如此，那朱莉娅·罗伯茨事业的成功可能应该更多归功于其演技或其他优点，而不局限于她那大大的笑容。

“相比之下，”达彻尔·凯尔特纳说，“安吉丽娜·朱莉不仅笑容灿烂，而且眼里发光，同时还会微倾脑袋，升华了愉悦的肢体语言。这就是人们难以抵挡魅力的笑容！”

第十二章　肢体语言和眼神交流

在这个数字驱动的世界里，充满着推特、脸书的状态更新，电话的提醒，不断发来的短信。肢体语言和眼神交流还很重要吗？现在网络上存在这么多的交流，而且日益缩短至极简短的几个句子。那么任何人对我们加以真切关注都实属罕见。事实上，注意力集中几乎就是稀缺商品。

但人们仍然需要面对面沟通。如果可以，在有限时间内，你最好能给他人留下深刻的印象。肢体语言和眼神交流仍能提升魅力，那什么能让其转化为你的优势呢？

如果你曾会骑一辆双人自行车，那么你肯定能回忆起学会的过程主要归功于不断尝试和犯错。一个热情的成年人大声说着指令可能没有什么帮助。

同样的道理也适用于凭借肢体语言和眼神交流来提升魅力。尽管很多清单非常方便，使肢体语言和眼神交流更为有效，实际上这就如同对你吼着指令一般。提升魅力的主要路径仍是去尝试不同方法，只有这样，才能发现它们是提升了还是阻碍了魅力。

不断尝试和犯错很有必要，也是因为创造魅力需要在语言和非语言行为中达到精准平衡这个观点颇具争议。例如，从广告学到流行心理学，人们对非语言行为在沟通里处于中心地位的呼声仍然很高。

例如，艾伯特·梅拉比安教授提出，在口头沟通中，言语只占了一小部分（7%），然而面部表情以及如何真正说出语言的方式即语音语调占了剩余的大部分（93%）。艾伯特·梅拉比安教授的沟通模型经常由人引用，但却日益受到挑战。

加利福尼亚大学心理学教授霍华德·弗里德曼似乎通过研究实验证实了非语言元素，如面部表情、姿态、肢体运动才最有影响力，可展示某人魅力的优势。例如，魅力四射的领导者笑起来非常自然，眼部周围布满皱纹，在与人谈话时常能打动人心。

然而，这个结论还是广受争议的。尤其是在创造魅力时，言语起的作用真的这么少吗？毕竟，最富魅力的人里，有些一直因是语言大师而有大批人追随。如林肯、丘吉尔、肯尼迪、马丁·路德·金都无须肉身真正存在，便有金口玉言流芳百世，令人难忘。

尤其是丘吉尔，没有特殊吸引力，人也不怎么性感，但是凭借强有力的言语，丘吉尔那引人注目的个性直达人心。丘吉尔发表了“热血、汗水和眼泪”的演讲，大家普遍认为，正是他这不可否认、令人难忘的演讲，才动员了整个英国在纳粹的袭击下幸存下来。

说话的内容远不如说话的方式重要。

我们在这儿的主要观点是，说话的内容远不如说话的方式重要。换言之，要建立令人印象深刻的影响力，不仅仅只是说话清晰，运用非语言方法的行动和沟通通常更具说服力。

肢体语言

我们的身体像任何言语一样可以雄辩。有一些沟通专家声称身体不能撒谎，的确有道理。因为我们几乎不可能消除或控制所感所思透露的痕迹。无意识的行动、姿态或手势都能产生一定效果，有时与某人的意图还会南辕北辙。令人不安的是，即便是一些微小的动作也可能会产生不可预测的结果。

顾问和私人教练会定期帮助客户提升魅力。他们经常发现客户想要具体的帮助，来控制肢体语言或至少理解。尤其是许多人过分烦忧自己的手。要把手放在哪儿？应该做出怎样的手势？如何更有效地运用手臂和手呢？

前来寻求帮助的人甚至说之前会得到很多“规则”，例如手势宽度不能超过身体宽度；如果不清楚要把手放在哪里，就把手背在后面；汇报展示时一定不要坐下来，等等。

我们不会提供更多规则，而通常是开始邀请课程参与者来讲讲他们感受强烈的事，如什么对他们才是真正重要的。当然几分钟内，我们就可以看到他们在愉快地聊天，无论是看起来还是听起来都很引人注目，他们几乎没有去考虑怎样处理自己的手、眼睛和身体。手、眼睛和身体就自然泰然处之了。

参与者开始后改变了什么吗？他们渴望沟通关切，全神贯注于观众身上而非自身。这也许是掌握有效肢体语言不是秘密的秘密。停止自我意识时，大概就可以让身体去做正确的事了。

不论肢体语言到底有多重要，但一定会影响魅力。例如，如果肢体语言与口中说出的话不一致，那么你就是在浪费时间想要产生影响力。同样在错误的时机做出通常而言积极的姿态如点头，或身体前倾都会削弱想要建立的影响力。

魅力杀手

- 在人们讲故事时打断他们。
- 倾听时，摇头或讽刺来表示强烈反对。
- 向后靠，在头后方摊开手臂。
- 他人在说话或展示时，随意涂鸦，使用笔记本电脑或摆弄手机。
- 双臂交叉于胸前。
- 懒洋洋地坐在椅子上，一条腿搭在扶手上。
- 说话或倾听时打着哈欠。
- 拨弄手指甲、嘴唇或想象中衣服上的线头。
- 不耐烦地在桌子或椅子上敲击。
- 目光呆滞、不眨眼地盯着某人。
- 未得邀请便侵入某人私人空间，根据不同国家文化背景，“可接受的空间”差异很大。
- 咬指甲。
- 在与人交谈时，咀嚼铅笔或钢笔。
- 用衣服擦手掌，而不是用手帕或纸巾。

姿态

在克里斯托弗·里夫的第一部《超人》电影中，有一个令人愉悦的时刻，他不再是温文尔雅的克拉克·肯特，而是变身成为超人。没有数字技术的帮助，而里夫也是肉眼可见明显长高了。达到这样的效果是因为里夫摘掉了眼镜，抬起了头，站得笔直，挺起胸膛，把那众人皆知的巨大肩膀向后挺直。

笔直的身姿可让你看起来倍加自信

姿态可以透露诸多信息。笔直的身姿可让你看起来倍加自信，除身体站直、确保肩膀不下垂外，想象一根看不见的绳子从天花板垂下，把头往上拉。

为了让身体更加笔直，可以试着在家里走 10 分钟，用头顶着一本书保持平衡。每日练习，坚持一周，很快就会发现你当前平常的姿态和真正笔直、骄傲的姿态之间的区别。这种经典但仍然有效的姿态练习最初可能让你觉得有点尴尬、僵硬，甚至有些浮夸或傲慢，但是此法能逐渐让身体更加笔直，也会趋于自然。

相反，没精打采可能看似很舒服，但在他人看来，你好像是在与自己过不去，精神状态不佳。

倚靠几乎有一整套它自己的语言，例如说你自己靠在墙上或桌子上，可能暗示你疲惫或懒怠，而你坐在椅子上身体向前倾通常表示你很认真地关注他人。

而仰坐在椅子上，跷个二郎腿就可能发出矛盾的信息。虽然这个姿态让人觉得你很自信，但同时也表明你对人缺乏尊重。更糟糕的是，你可能还会冒着看起来很傻的风险，不小心往后摔倒。

如果专心致志地与观众相处，你几乎不会无意识地做出分散注意力的肢体动作，如拖着脚走路，用双脚在地板上画图案，或绕着小圈走路等。在一对一对话中，如果你也完全把注意力放在他人身上，就不大可能说了半句话就离开，或继续对话时表现出不感兴趣。

阐释肢体语言

● 在谈话时认真看着对方，头偏向一边。“我对你说的话很感兴趣，而且正在思考。”

● 深呼吸，节奏短促。“我现在很紧张。”

● 他人说话时点头微笑。“正如你所见，我集中了注意力。”

● 走路迈着平均的步伐，但并未跑起来。向前看或看向你前方，而不看向地板。“我很沉着、自信。”

● 双臂环抱于胸前，甚至把手插进口袋。“我对你说的话真的不感兴趣，而且我有点防着你。”

● 身体姿态开放，手掌朝上。“我是一个诚实且直率的人。”

● 故意缓慢地击打自己的下巴。“我在考虑一个决定，而且在思考如何做选择。”

● 用双手做出尖塔的形状，专注地看着。“我接受你所说的话，但是我很相信自己。”

● 微笑，前提条件是真诚且发自内心。“我喜欢你和你说的话。”

● 脱掉领带和外套，打开衬衫最上面的扣子。“我对周围的环境感觉非常舒服。”

● 卷起袖子或放下袖子。“让我们开始工作吧。”

● 攥紧拳头。“我很愤怒，有可能是对你很愤怒，你小心点！”

● 摩擦双手或将双手拧在一起。“我简直不知道该做什么。”“我对自己很没有信心。”

● 摩擦头。“我很困惑，不确定。”

● 他人要求一个诚实的回答时，会摸摸鼻子，拨弄头发，揉揉眼睛，不断碰鼻子。“我可能在说谎，或不怎么诚实。”

● 用手指轻敲桌子或椅子扶手。“我很焦虑。”

警告：仅凭一个简单的身体姿态很少能准确传达这些信息。它们通常需在一整套方法中去考虑，还要其他方面的行为来支撑传递信息。

手

约翰·费茨杰拉德·肯尼迪认为个人风格非常重要，所以据称在竞选总统前，他委任他人进行一项研究，以确定最为有效的握手方式。

正如肯尼迪所知，接触他人的行为可立即收集和发送大量信息。为特殊目的而精准设计，人们与你握手的体验，在最初强化或弱化魅力方面扮演着重要角色。

例如，一些人际关系专家声称，握手的力度潜在传达了三个简单信息的其中一个：这个人试图控制我；我能控制这个人；我觉得和这个人相处很舒服。同样，很遗憾女性常有的握手方式——“死鱼式”握手，会让人感觉自尊很低或缺乏个人自信，从而带来灾难性的后果。

不论是把骨头都可捏碎的握手，还是柔弱无力的握手，两种极端方式都会危害魅力。如果你的握手方式碰巧是其中一种，可能你还未意识到。就像口臭一样，要知道自己是否有口臭，就得向一个值得信赖的朋友去询问一些私下反馈，才是明智之举。

研究还表明，强势之人握手时会将手掌朝下，而顺从之人会把手掌向上，我们的目标是直接上下方向坚定地握手。

魅力礼数

观察那些有魅力的人，他们是如何将一些小动作或手势组合起来，对周围的人产生大影响的？他们是极其谦恭有礼貌就可以给对方留下强烈且积极的印象。例如：

- 打开门，让他人走在你前面，只有极度自恋的魅力寻求者才会横冲直撞，仿佛整个星球都是自己的。
- 对着纸巾或手帕咳嗽或打喷嚏，而不直接对着周围人的脸。（两者在日本都算是恶习。）
- 简短握手，时间不要过长，除非你对对方很了解。
- 如果你在正式场合弄乱别人的头发，你可能觉得这是真诚表达亲切爱意的好方式，但这其实暗示了你是在表达居高临下的优越感。
- 打电话时，声音要平静且克制，避免大喊大叫。
- 在人群中，要走出去和大家交往，不要躲在角落玩手机。如果独自一人，可保持私下谈话。
- 在讨论过程中，要拒绝接电话。

● 不论有多生气，都要安静地关门，不要砰的一声关上门。

（也可参见第九章：仪态）

做好身体准备

产生魅力需要能量，如果真想给人们留下深刻的印象，你可能也需要唤醒身体。演员们在一场重要演出之前，都会花上一个或数个小时做好身体的准备。他们努力放松，准备沟通。不论何时想产生重大影响，你都可以运用这个方法。

有效的身体放松练习包括：抖动身体的每一个单独部位，以消除紧张感；闭上眼睛，轮流聚焦身体每一部分，看是否有紧张感；深深吸气，再慢慢呼气，告诉身体的这部分可以消除紧张感，放松下来。

同样，用声音练习法也可放松喉咙和声带。例如，为了帮助放松讲话的肌肉，可以私下轻轻哼唱，或只发出一些像“啊、哦”之类简单的声音；或大声说绕口令如“红色皮革，黄色皮革，红色皮革，黄色皮革”。

体育锻炼可使你的心灵、身体、呼吸和声音温暖并活跃起来，这样就可充分准备好运用自己的魅力。

眼神交流

眼神交流、微笑还有其他非语言行为结合在一起，就能创造魅力。像微笑一样，眼神交流是与他人交流、建立亲密关系、创造个人化学反应从而提升魅力的高效之法。也是传递“我想和你交流”信息的一种简单方式。

其他的益处还包括减少谈话中紧张氛围，传递自信形象，并展示尊重。尽管眼睛可能是“心灵之窗”，但也主要是眼睛周围的一些肌肉最终完成交流。（见第十一章微笑部分。）

在某些文化背景下，眼神交流可能用于表达无法直接表达的意思，例如，某人为一家亚洲公司工作，他可能会问“你对我的工作满意吗？”并得到答案“哦，是的，很满意”。但这个回复可能捎带了一个悲伤的眼神表情，与真实的话语自相矛盾。错过了这个表情，就错过了真正的信息。

提升魅力要求你要比当下更关注眼神交流。参见下边的积极眼神交流检查法。

积极眼神交流检查法

	对每个问题决定你是否：	同意	不同意
1	和人们在一起时，我很少进行长时间的目光交流		
2	工作的时候没必要进行过多的眼神交流		
3	和上级进行眼神交流会觉得尴尬		
4	和某人说话时，我会自然而然地扫视房间其他地方，看看发生了什么		
5	和不认识的陌生人进行眼神交流会觉得尴尬		
6	我会担心目光交流，因为不知道会发生什么		
7	我需要付出特殊努力，才能和身边的人进行眼神交流		

如果同意上述 7 种说法中的任何一种说法，那就暗示你目前可能没有最好地发挥出魅力。

尽管眼神交流为人熟悉，但真正的过程包含着不同的阶段。每个不同的阶段都会给人产生特定的影响，每个阶段也会无缝连接到另一个阶段。

- 接触
- 保持
- 中断
- 返回并更新

接触

眼神相遇是短暂的时刻，可能在穿过拥挤的房间时，也可能是在彼此靠近时。

通常眼神相遇无须有意识地去努力。拥有强烈魅力之人通常可以把这个时刻转换为决定性的时刻，一个对方事后都回味无穷的时刻。据称这种经历是非常引人注目的，以至于事后再谈论时都会显得非常神秘，甚至带来个人的转变。

那么是什么创造出这个神奇时刻的呢？

部分原因是，具有强烈魅力之人会在这个特殊时刻非常纯粹地关注和聚焦。他们投入的强度和亲密感使眼神相遇超越常人。他们的直视会让你感觉好像房间里只剩下你们两个人。

这种最初接触时的魅力是如此强大，以至于对方似乎沉迷其中。

极具个人魅力之人发出的最初信息准确无误，似乎在说：“我看见了你，我知道你是谁，我想和你联系。”在某种情况下，这种无声的信息可能要简单得多，那就是：“我爱你。”

如果你有非常强烈的意图（目的），该意图就能驱动凝视和眼神交流开始变得难以置信的强大。就好像你的眼睛直接在和他人沟通，而不需要真实的话语（见第二章，目的）。

有时，眼神最初接触会和包括触摸等身体姿态相联系。如握手、轻拍肩膀、再抓一下手臂等。这些动作可给初次见面的人增添额外无须戒心的亲密感。

保持

有影响力的人非常善于保持眼神交流。他们可以保持相当长的一段时间，同时还会与个人空间的微妙运用结合起来。例如，身体上更靠近他们视野中的人，但又不至于太近，以至于看似给人威胁之感而不友好。

在保持眼神交流时，魅力四射者会全神贯注。他们不允许任何事分散注意力，很好地抵御外界干扰，比如从对方肩膀上看别处、扫视周围更有趣的事等。

在这个眼神交流的重要阶段，传达积极、无言的信息往往是基础但无误的。这些信息包括：

“我喜欢你。”

“现在我只想和你待在一起，而不是别人。”

“我真的对你很感兴趣。”

“你很有趣。”

“你说的话很重要。”

“我正全神贯注听你说话。”

“你对我真的很重要。”

“我同意你的看法。”

“告诉我更多的事。”

虽然长时间的目光接触是创造魅力的一部分，但要小心一些机械的规则，比如至少要保持 45 秒的目光接触。

过度目光接触可能会适得其反，就与目光接触太少一样。坚定不眨眼地盯着某人可能会让人窘迫不安，甚至带来威胁感。要避免令人不舒服的注视，可把眼神短暂投向其他事物，比如看一份文件，记笔记，欣赏某人的头发、衣服或外表等。

目光接触要考虑到重要的文化维度。尽管西方人通常觉得长时间的目光交流是有吸引力的，但在一些亚洲环境下可能就是无礼了。

中断

魅力十足的人会把眼神交流的结束变成一种特意的告别，也就是说他们并不会无缘无故错误地中断目光交流。

他们会以语言或非语言的迹象，表示很抱歉，不得不中断。这个结束就成为重要事件而非偶然事件。例如他们可能会另外微笑，或点头暗示是时候结束目光交流了。或者他们会微妙地短暂移开目光，来暗示交流即将结束。

即使之前建立了不错的目光交流，但毫无理由中断注视，也会减弱魅力值。

返回并更新

据说这是比尔·克林顿和史蒂夫·乔布斯等超级有魅力者的秘诀，它已经有了自己的伪科学术语：现实扭曲力场。

这一阶段是这样奏效的：片刻之前，这些魅力四射的人已结束了眼神交流并继续其他事情，但他们又会故意回头再看向此人，并以短暂更新的目光结束。

除了非语言的暗示之外，这种重续的眼神会发出一种非常具有吸引力又无言的信息，如“我很喜欢和你聊天”“我已经开始思念你了”“希望能再次见到你”“我会再联系你的”“别忘了我”等。

此阶段需要练习，尤其当你已开始关注他人时莫忘记。

目光交流练习法

1. 在这周，每天都要练习与陌生人进行短暂的眼神交流。看着每一个走向你的人的眼睛，注意他们眼瞳的颜色。然后，在不到一秒钟的时间内移开目光，没有人会在意的，你很快就会对这整个过程非常适应。

2. 练习与服务员、售货员和其他服务人员进行长时间的目光接触。保持中立的面部表情。练习至少一周。

3. 有他人也在时，与房间里的某人交谈，练习完全聚焦与此人的交流，保持足够长的时间，直到其报以微笑并给予同样的注意力。如果事情进展得不是很顺利，或此人跳过你肩头看向他人，也不用担心。

4. 与某人进行良好的目光交流，练习向后压或降低声音，看看此举会对他人产生什么影响。

5. 与某人进行长时间的眼神交流时，可以稍稍地侧向，不要正对对方。抓住机会可以轻拍或触摸对方的背部、手臂和肩膀。

6. 你和某人交谈并进行眼神交流时，心里一直说："我对你说的话真的很感兴趣，你是一个迷人的人，我可以和你聊上一整天。"注意这个心理过程如何开始影响目光交流，还有其他肢体语言进行的方式。

7. 在与人交谈时，练习注意思绪何时开始漂移，如漂移到最近的一个讨论上，漂移到乘火车回家的路上，漂移到办公室发生的一些事上，等等。

把内在注意力集中在和你谈话的人身上，不论何时思绪开始漂移，都要拉回到当下。

让梦想成真

说到肢体语言和目光交流，若说魅力者有什么秘诀，那就是他们言行合一。

信任自己的感受，就可信任肢体语言。

如果仅就肢体语言和目光交流而言，你正确行事不难，但可能整体效果看来还是大错特错。只有把非语言沟通和语言相结合，才算时机成熟，能整体给人留下非常深刻的印象。因为魅力是由内向外散发，这就意味着你要让感觉去引导身体行动，而非反其道而行之。信任自己的感受，就可信任肢体语言。

关注那些你所青睐的、存在感极强的人，观察他们行为的力度。他们做出的姿态动作，属于平滑型的，还是爆发型的？是缓慢开启，逐渐增势，直至突然结束？还是恰好相反，开始迅速，后面慢慢停止，直至消失？在不同行动阶段他们会说些什么承上启下呢？

身体和言语一致时，你就会觉得更加自信，也能产生更深刻的影响力。通过身体运动和言语来控制沟通，你就能更轻易说服他人，掌握当下进行的许多人际交往。

第十三章　领导力与魅力

你是一个魅力四射的领导吗？如果不是，这点对你很重要吗？你想做些什么呢？因为大家普遍认为领导者必须是颇具魅力的。许多高管，尤其是大公司的高管，都需要一些私下的训练和指导来帮助加强他们日益渐失的魅力。

对你而言，首席执行官也许是魅力、精力充沛以及外向的代名词。

如果你能激励别人，传达强有力的未来愿景，你可能拥有成为一名首席执行官（CEO）的特质。对你而言，首席执行官也许是魅力、精力充沛以及外向的代名词（Charismatic、Energetic、Outgoing）。这种类型的领导包括维珍创始人理查德·布兰森、有巨额利润的阿卡迪亚集团的经营者菲利普·格林以及玛莎百货的斯图亚特·罗斯等。

拉里·埃里森在1977年创立了甲骨文公司，30多年后仍屹立不倒，而拉里的魅力同样颇有口碑。拉里的知名度已远播行业之外，他手下一位高管曾经总结拉里那引人注目的魅力：“上帝和拉里·埃里森的区别在于上帝不相信他自己就是拉里。”

有魅力的领导者，可能会给人留下深刻的印象，但是也有的人会非常自我、自恋，并以牺牲他人为代价而取得种种成果。罗伯特·马克斯韦尔就是因错误的领导魅力而臭名昭著的例子。诚然罗伯特·马克斯韦尔是一个恶霸，他试图恐吓并控制所有遇到的人，对别人为他名望付出的代价几无关心。

也有大量研究证据表明，一个人即使没有很大魅力，也有可能成为成功的领导。尽管如此，世人总是期望领导应该流露出非凡的魅力。例如，在遴选委员会挑选新首席执行官时，他们通常会将橄榄枝抛向具有强大魅力的候选人，而不是那些有实际成就的人。

如果有人认为一位魅力非凡的首席执行官应得更多的薪水，那么这人需要多加考量。一家公司的业绩越好，公司股东们会觉得老板更富魅力。但是，2006 年的一份研究报告警示道，董事会“需谨慎考虑魅力型领导的潜在利益”。该报告总结，首席执行官的个人魅力“与公司的未来表现几乎或根本没有关系”。

吉姆·柯林斯的开创性研究《从优秀到卓越》提供了颇有说服力的例子，去反对那些寻求魅力型领导力的人。吉姆·柯林斯也发现领导那些最为成功公司的人往往是二元性的典范，他们集谦虚与任性、谦恭与无畏于一体。他们从来没有想成为富有传奇色彩的英雄，或是被高高供起受人景仰。“他们看着就是平凡的人，只是在默默地创造不平凡的结果。他们更像是苏格拉底和林肯，而不是巴顿或恺撒”。

美体小铺的创始人——已故的女爵士安妮塔·罗迪克从个人

经历说起，同样认为："你不必多么有魅力，只要你能坚定地相信自己正在做的事情，它就会成为现实。"

持久魅力

"持久魅力"一词最早是由19世纪社会学家马克斯·韦伯所创造，用于描述可鼓舞人心的领导力。如今，在人们如何看待领袖上，魅力仍然扮演着重要的角色。但是这也遵循一定的逻辑，不论你是否喜欢，我们都是受最根本的求生需求所驱动。所以很简单，我们总是寻找最强大、最有力量的人将我们救出虎口。

在大多数西方国家，人们不可能指望政客不凭借一点个人魅力来展示忠诚和与上任的不同，就可在政治上取得成功。有一个著名的例子，也就是理查德·尼克松在与肯尼迪竞争总统时落败，不仅仅是因为他的外表，而且尼克松毫无幽默感，也不讲笑话。不会说些什么或做些什么来传达对任何事情的喜爱。但是他那纯粹的坚持与顽强，最终帮助他克服了这个限制。同样后面两位布什总统也是面临着魅力方面的挑战，没有什么对群众的吸引力。不管是什么铸造了他们的成功，但绝对不是他们的个性。

因此，鉴于魅力和领导力之间的持久关联，成为一个富有魅力的领导者意味着什么呢？美国领导力大师沃伦·本尼斯总结道："魅力是有效领导力的产物，而有效领导力并非是魅力的产物。"这也就意味着，要想成为一个有效用的领导，首要任务是把工作做好，魅力是否产生就看造化了。

多项研究表明，有魅力的领导者拥有这样的存在感：沉着、眼界特殊、体形优美、自信、具有忍耐力，有着不同寻常的精神建设，还拥有能唤起观众情绪反应的力量。这个完整的列表看似永无尽头。即使能获得所有可以识别的特质，你也未必一定会成为一个领导，更别说是一个有魅力的领导了。

加州大学心理学教授霍华德·弗里德曼声称自己能够衡量魅力。根据面部表情、手势和身体动作等非语言的线索即可评判。例如有魅力的领导者会自然地微笑，露出眼睛旁边的皱纹，在谈话中能感动人们等。

绝对的必要条件

研究人员和其他人列出一长串的特质、特性和品质，都是为了去寻找什么能创造领导力魅力，而这不过是水中捞月。唯一可行的途径是通过具体的、看得见的行为来建立。基于目前的知识体系，要成为一个魅力型领袖，你需要做到：

- 展示热情、活力和自信来吸引大家的注意力
- 将愿景和目标融入生活
- 运用个性、主观想法来建立人际关系
- 采用出色的说服力和谈判技巧
- 有责任感

上述这些通过练习都可以学到，且易于提高。

热情、活力和自信

魅力型领导者运用他们显而易见的热情或者承诺来吸引大家的注意力，并渗透他们的内心和思想。例如新加坡的开国元首李

光耀将逻辑、情感和热情完美地结合在一起。李光耀对于追随者和非追随者都加以严格地控制，但是人们也能够接受李光耀的领导，甚至觉得他非常具有吸引力。

相反，苏格兰皇家银行的前总裁弗雷德·古德温和安然公司的前首席执行官杰夫·斯基林就错误运用热情，落了个中饱私囊的结局。煽动和热情之间的不同取决于你和他人如何运用热情和承诺。

在梅纳德·利公司培养企业领导逾二十载的时间里，我们很少碰到一位充满激情的成功领袖。很少有人会因为过于热情而让人觉得透不过气，导致使人厌烦。相反，我们更可能遇到缺乏热情之人。

许多企业的高层，尤其是大型企业的高层，似乎对自己正在做的事情缺乏热情和喜乐，换句话说，工作最终会失去意义。

但是，好消息是我们并不会轻易地失去热情，即使看起来热情生锈了，但它仍然在那儿。只要重新点燃导火索，眼睛将会散发光芒，身体也会挺得笔直，对周遭事物的注意力增加，和他人的关系也更加紧密。

那你会怎样去描述自己的热情呢？描述时热情会溢于言表吗？你渴望告诉他人，对自己的目标是怎样的感觉吗？你恨不得快快去分享愿景，怎样将其实现吗？

热情挖掘法

1. 列出能够真正激励你的事，如让你感受到非常兴奋、有活力、有激情还能坚持的事，慢慢思考，得出答案。

2. 在清单中，找出对现在的领导角色真正重要的事情。

3. 运用暗喻、讲故事或类比的方式来描述你的热情，要讲得生动有趣，这样你刚认识的人就能正确地理解到这一点。

4. 接下来，寻找在你直接影响范围之外的其他三个人，询问什么能够激励他们，又是为什么呢？他们谈论时看起来或听起来是怎样的呢？

5. 尝试用一个短小的段落去概括自己的热情所在，并录下视频。你看到了什么，你看起来听起来都非常有热情吗？你正在看的那个人有多真诚呢？

6. 本周去邀请那些直接向你汇报工作的人，让他们谈谈自己的愿景是什么，什么能够激励他们。这些与你的相比又如何呢？

7. 接下来的一个月，每天都做一件事情，把你的领导热情传达给人们。当然不要把它变成一个讲座，或者是逼迫人们必须要做的事。

通过热情，你可以展现出丰富的个人能量，那么人们也更有可能将你看作一个有魅力的领导者。一些专家认为，能量因素是人们选择领导人时，唯一也是最大的原因。著名顾问、作家汤姆·彼得斯曾说过："如果一个人在一个位置上，没有活力、毫无紧张感，也不充满能量的话，永远、永远、永远、永远、永远也不要把他推上这样的一个位置。"

每一个人，包括你也是由能量组成，当然也具有能量，但是只有你将能量转化为实际行动时，你才能期望影响他人。精力充沛的人通常是人们眼中有魅力的人，他们能让一屋子的人都觉得快乐，心之神往，鼓舞人心。而个人能量的管理和聚焦在你是否能给人留下持久难忘的印象上起着重要的作用。

演员们了解关于能量管理的所有知识，这也是获得魅力型领导力帮助的好资源。他们通过身体、声音、语言学习以及对空间和时间的运用来表达能量。你可以采取一些有用的表演技巧来塑造魅力。当然，不必把自己也变成一个演员。例如，你可以探索什么也不用说，如何阅读身体语言，怎样使用个性类型，等等。

自信

真正的领导人很少会缺乏自信，然而内心的感觉和实际的表现不同仍然会是一个问题。如果你是一个总想要得到正确答案的人，或者说理论而言你非常优秀，但是处理起问题却模棱两可或感到不舒服，这在领袖身上也会时有发生。

体会你魅力的人既需要体验你的脆弱，又需要体验到你的自信。

体会你魅力的人既需要体验你的脆弱，又需要体验到你的自信，这也是有关领导力的许多悖论之一。暴露脆弱，你就同时展现了亲和力和人性的一面。这使得你更有人情味，且增加了你的领导力魅力而非削弱。同时，当你散发自信时，也就鼓励了他人对你更加信赖。难怪对那些立志成为领导者的经理们而言，最为吃惊的问题是："为什么大家要由你来领导呢？"

你的自信有多么真实呢？你会造假吗？显然许多领导者的确设法去展示无比的自信，但是在内心里面他们却非常的不确定，摇摆不定。这样做的确太困难了。外表上一直保持自信是非常有压力的，这样做的人也是常在欺骗自己，以为别人看不穿这个谜。

这就是为什么你愿意和别人分享脆弱是如此重要。例如，在建立信誉、创造魅力方面，准备承认自己不知道，比因为自己是领导，所以就幻想知道所有的事要来得强有力得多。

所以你怎样获得魅力，并且通过魅力怎样发挥出一种领导力的自信，让人们愿意去追随你？除了展现出你脆弱和人性的一面，那么从现在开始，完全根据你的本能你去做认为正确的事情，当然这也意味着你需要接受偶尔也会失败的事实，是人都会有失败的时候。

如果你举棋不定，那么需要做的事情就是改变方向。

自信的领导者要避免做了决定又要后悔，这着实会使士气低落。这不仅会破坏决策过程，而且还会对领导力本身产生不好的影响。做决定时，你就下定决心去做，不要总是自我怀疑。如果你觉得必须改变方向，那么就改变。如果你举棋不定，那你需要做的事情就是改变方向。

在你已经准备好享受带领他人的乐趣时，自信也就体现出来。如果直接下属从你那儿看不到热情和活力，那么又怎能期待他们也展现出积极与热情呢？只有你展现出更多的勇气，而不是恐惧，自信才能传达给他们。如果直接下属在你脸上读出的是忧虑和惶恐，那么他们也会开始失去自信，担心你带领他们前进的能力。

你可能无法立即就给自己披上令人信服的自信领导力外衣，因为这来源于经验和尝试。但是，当你有了消极感受有可能会削弱领导力影响力时，不妨去看看自己的内心，探索发生了什么，这会让你天然的自信飞速增长。例如，试试内在不同的个性，这有可能会从根本上影响散发自信的能力。

个性类型

从演艺圈可学到一个行之有效的方式，就是学习挖掘内在不同的个性类型。最近头脑扫描研究得以证实的，也是演员从过去经历可以得知，在大脑里独立的自我如同次人格般非常清晰地存在着。有的甚至是位于大脑左右半球的特定位置上。

例如，在你的内心当中可能住着一个小孩、父亲或母亲、老师、恶霸、戏谑之人、懒骨头、冒险家、诗人、忧愁者、善于照顾者、英雄、懦夫、爱人、圣人、推销员等。这些个性会影响你与人们交流的方式，最终影响你的魅力。而有魅力的领导者则对它们加以利用，来指导并且影响与人们的相处方式。

个性类型法

1. 留出半个小时来尝试这个方法。自己一个人静静地坐着，在附近放着信纸和笔。

2. 思考内心中最熟悉的角色或者是个性。至少识别出六个。给自己足够的时间得出答案。

3. 写下他们是谁，例如空中交通管制员、电视迷、懦夫、效率专家、诺西夫人、动作英雄等。

4. 在你的内心当中，对每个角色说“你好”。向一个假想的观众轮流介绍他们，并且让每一个角色都描述自己。可以的话请大声说出来，让自己融入、体验这个角色，换言之“成为”这个人。

5. 现在轮流打量每一个角色，哪些可以对提升魅力有帮助，而哪些没有，为什么呢?

6.“感谢”积极的个性给予的帮助，当你想对他人产生影响的时候，邀请他们来描述如何帮忙。

7. 对那些不怎么积极的个性说再见，请它们待在幕后，只有特定召唤时再请出现。

让愿景和目标鲜活起来

印度 HCL 科技公司首席执行官维内特·纳雅尔在世界各地的无数剧院上跳着他那众所周知的舞。每一个剧院都坐满了上千名员工，就以这样的方式，他向 26000 多位雇员首次呈现了自己。这个引人注目的举动不仅吸引了员工们的注意力，并且也向他们传递了最初的信息：纳雅尔看中不拘礼节；他也是有着实实在在缺陷的人——显然舞蹈跳得不太好嘛!

像纳雅尔这样魅力型的领导人不仅只会谈他们想要达到的目标，他们还发展出一种技巧，那就是不管目标现在看起来有多远，他们都能使其看起来触手可及。他们能够做到这一点，其中一种办法就是让愿景具体化，利用多种办法使得愿景在倾听者面前栩栩如生。

HCL 科技公司的纳雅尔为公司提出了一个更为广泛的使命概念，也就是员工第一、客户第二。这种前后颠倒的信息表明了满意的员工才能带来满意的客户。经营维珍帝国的理查德·布兰森也采用了同样的理念，这让客户服务的顾问、股东们和其他传统主义者简直抓狂，然而通过将目的具体化，纳雅尔和布兰森为每个人都带来了鲜活的愿景。

具体化是指一个愿景或目标如何达到某种看似必然的程度。“美国下一任总统”这句众所周知的陈词滥调，只是一个介绍政治希望老生常谈的例子，试图使愿景看起来触手可及。

历史学家研究了那些贴上魅力标签的美国总统，发现他们大量使用基于画面的词语，最富魅力的那几位美国总统在关键演讲中采用了更多能够唤起画面感的词汇。

提供切实可行的例子、聚焦愿景便可帮助人们。其中一种方法就是通过你自己的行为来展示。这似乎是显而易见的，但领导们经常会忽视指明愿景、成为榜样的重要性。

你也可以对自己描述的愿景量体裁衣，并使用交流方式，使其适合观众。苹果公司的史蒂夫·乔布斯将出色的技术洞察力与对市场敏锐的理解力融合在一起，使其愿景种在了忠实观众的心中。

尽管上述描述是魅力型领导人运用的过程，但你也需要努力去发现你自己和愿景中哪些可以吸引他人，正如一位领导人曾说道：“你无法借用他人的魅力。”

建立联系

有一条金线贯穿于创造领导力魅力之中，那就是你与他人相处的能力。有魅力并不意味着你需要和每一个遇到的人都建立起联系，这不是无休无止的关联。你与谁建立联系取决于你的目的是什么（见第二章）。

魅力型领导发展出高阶的人际关系技巧，情商尤其卓越。例如他们通过建立亲密关系或得到他们需要去说服和影响之人的注意力，成为了建立关系的专家。

魅力型领导具有的人际关系技巧包括热情的沟通能力、身体语言的使用、引人入胜的故事讲述、同理心的展示、情绪的挖掘等。

建立联系法

1. 选择某一天，在这一天你有意识地倾听他人，并思考什么是他们的动机。

2. 花点时间听听不同的意见。曾经有一个首席执行官拒绝在大家都没有反对意见时做出决定，坚持等待更长时间让不同的意见浮出水面。

3. 为不同的观点创造更多机会。

4. 作为领导，如何去展现你在乎别人的想法呢？

5. 注意你的微笑以及与他人进行目光交流的程度。

6. 掌握重构法，这样就可以以不同的方式去传达观点，以满足人们的需要。

运用杰出的说服技巧

魅力型领导非常善于推销自己以及自己的想法。

早在 2000 多年前，亚里士多德就写过有关说服的技巧，从那以后相关的技巧就不断发展。魅力型领导非常善于推销自己以及自己的想法。在机构内部，魅力型领导往往就是他们影响力范围的专家。首先，他们非常善于展示什么事情哪里出了问题，例如现有技术的缺陷，当前传递结果现状、达成共同愿景的失败之处。

他们还很善于运用非传统的方法去挑战现有的秩序。这可能是采用企业的一种风格，但这同样也源于运用洞察力和想象力，来提供不同寻常的策略。例如詹姆斯·戴森认为风扇不需要旋转叶片，这看起来有违直觉，结果他真的生产出一个没有扇叶的风扇，还比目前所有型号都更加高效。

魅力型领导说服和影响他人的七种方式

1. 给人们一个可以信赖的理由让其来追随你。努力成为人们可信赖的人、专家或智者。

2. 使用恰当的身体语言与声音。这可向人们展示为什么人们应该信任、尊重你。

3. 展示自信。人们想要的是有信心的领导。他们等待你去壮大、领导他们。不论对错，对于他人而言，不管他们是否意识到，信心都比能力更加重要。

4. 非常流畅地表达。这包括能在你想取得特定愿景或目标的情景下，去清楚地解释、阐述自己的动机：“为什么这对我而言非常重要。”这就包括使用具有吸引力的语言：磨炼描述令人瞩目画面的能力、讲述引人入胜的故事、创造充满活力的暗喻或类比来吸引观众。

5. 来到舞台中央。愿意来到聚光灯下说出观点，尽管这意味着你常面临着反对以及怀疑。

6. 有责任感。

7. 运用非传统的方法。魅力型领导经常通过一些具有创造力的方法去说服他人，虽然这些方法可能与现有的规则背道而驰。

来到舞台中央

在电影《穿普拉达的女魔头》中有一个经典的片段：强势的时尚编辑安静地坐在豪华轿车里，而外面好奇的人群拥挤着往里看。她很自然地告诉助手："每个人都想成为我们。"然而她的助手却有着完全不一样的想法。有时魅力型的领导甚至无法想象自己不是世界关注的中心。

具有持久影响力的领导者通常会做以下几件事来捍卫自己的信念。

首先，像这位时尚编辑一样，魅力型的领导渴望出现在聚光灯下。他们想当然地以为人们想要见到他们、听他们说话，并采取相应的行动。例如，来观察一位成功的领导人，他来到一个会议的接待桌前。即使人们向他指引了一个座位或请他稍等片刻。但他通常也会不耐烦地站在接待桌旁，传达出明确的信息："我非常重要，需要立刻得到关注。"

表现出好像你想要指挥观众。与其说"我不知道人们是否会注意到我要说些什么"，不如用积极的态度表现，自然而然人们将会想听你传达的信息，也没有其他的选择。这时要有一个非常安静和自信的气场，不要傲慢或麻木地只顾着迫切传达信息。

其次，这些魅力能够产生长久影响力的领导们都是勇者。他们愿意背道而驰、不断折腾、向他人表达相左的意见。这也是行动中魅力的一种，做好与众不同的准备，从人群中脱颖而出，甚至在某些场合也敢于固执己见。

最后，一个成功的领导即使在内心深处觉得自己是隐退、谦逊的，也没有什么能够阻止他们去阐述愿景，分享想要实现的目标。

舞台中央法

1. 表现得好像人们都非常渴望听你说的话。

2. 做好提出相反观点的准备，即使面对反对时也需要坚持。

3. 在会议或其他聚会时要求正当的发言机会，而不是等着别人要求你发言。

4. 面对一个新问题或新情况时要问问自己：“我在这儿如何才能有所作为？”

5. 一旦引起了人们注意，那么要运用好一些幽默和强有力的故事来保持他们的兴趣。

6. 提炼你的核心主旨，直到该主旨烂熟于心，已成为你的一部分。

有责任感

路易斯·郭士纳是一个魅力非凡的领导。尽管他并不是一个技术专家，但在20世纪90年代早期，却临危受命、迎来挑战，改革IBM这个每况愈下的超级技术公司。郭士纳那与众不同的魅力，综合了动力、动机、正直、自信、智慧、商业知识和情商为一体。除此之外，郭士纳还具备其他的关键能力，如坚忍、开放、自信和值得信赖等。

其中最为显著的特点是郭士纳敢于承担责任，首先，他对于执行且完成任务非常热情，不会只制定策略，而是实实在在地执行。其次，郭士纳带头创建了高绩效的文化，设定目标、衡量结果、确保问责制。

魅力型领导者通常也是改革者，如郭士纳，他们会挺身而出，使事情落地生根。他们会这样说："我来做吧""把这个问题留给我""我会解决的""对此我的方案是……""一定有更好的办法"，等等。

他们也因坚持立场而赢得荣誉，这就意味着当事情出了差错或需要去解决时，他们不会跑，不会躲。相反他们会直言不讳是什么事情出了岔子，然后去解决。

承担责任也意味着他们愿意去做艰难的决定，并为之努力捍卫。

承担责任的另外一方面也就是随时准备接受逆耳的忠言或不好的消息，而且不把责任归咎于那些引起注意的人。这鼓励着人们前来与他们分享正在发生的事。例如，理查德·布兰森以其常备笔记本而出名，在这个笔记本里，他记录着从职工和客户那儿得来的信息。维珍公司拥有 3.5 万多名雇员，他每天从非管理人员那儿收到的邮件就超过 50 封，员工撰写邮件的目的就是让理查德·布兰森关注一些议题。不论是亲自回复邮件，还是切实采取行动，理查德·布兰森都会解决员工的每一个担忧。

假装

受人误导、缺乏耐心或者绝望的领导人，有时会问："我就不能假装有魅力吗？"也许一些私人教练正在帮助严重缺乏魅力的客户，他们声称你可以假装自己很有魅力。他们的方法基于以下两个简单的原则：

1. 利用过去的情绪来驱动渴望的外在行为。

2. 采用自信的身体姿势，使荷尔蒙发生变化，进而影响你的真实情绪以及别人对你的看法。

过去的情感

演员们学习利用他们过去的情感，并根据需要重现效果。表演法要求演员识别相关过去的情感经历，然后再重温，直到他们的感受已经非常真实。领导者也可以采用这样的方法。不用多久，这种办法就能够帮助你散发自信并且创造至少从外表看来非常有魅力的你。

例如你会想起过去让你感到兴奋、自信、充满活力的一件真实事情。你需要练习重温这些经历，直到能再次有真实的感受，再把这种情绪带到与人交流的过程中。因为重现的是一种真实的情绪，所以比起机械地尝试，这能表现得更加令人信服，然而这种方法需要大量的实践。

积极的姿势

你也可以特意将身体摆成积极自信的姿势，这样就能够传达出信心、力量和能量。举个例子，把肩膀向后，保持笔直的站姿，将头高高仰起，双手放在臀部等。奇怪的是，只要将身体以积极的姿态呈现出来，这种假设就会在你的大脑当中引起变化，如导致荷尔蒙的改变，同时又影响到力量、控制感或确定感。

如果你的身体表现得是自信和强大的，那么这会刺激你的内心有着同样的感受。因为真实的感受比说出的话对人的影响要大，所以“强迫的”身体姿势也能帮助你，也许表现出比你内心感知的要更加强大。

表现得好像你非常有自信、充满活力、兴趣满满、魅力十足，你的身体做出相应的行为，就能快速且较为简单地传达出这些信息。从某种程度上而言，这种自我欺骗的方式确实有效果。如果你能通过身体姿势说服自己有魅力，那么这也就是你可能给别人留下的印象。

你遇到的人天生有一种能力，就像觉察强颜欢笑一样他们也能觉察出虚假以及空话。他们也不知道自己有这种能力，但是就是能够察觉出来。他们只相信眼见为实。从技术的角度来说，假装有魅力的行为是可行的，但是依赖于此的领导者很快会遭人揭穿，由此削弱了影响力，结果是南辕北辙。

“我对个性这类事情并不感兴趣，”巴特·白克说道，“高调之人常常好大喜功，这会传递错误的信息……一切都不是一个人的表演。”

白克是位众所周知的工作狂，他任跨国公司利洁时集团的高层时，很少有人见到他，他最终于 2011 年以首席执行官的身份辞职。他在自己创立的家居清洁公司担任了十多年的掌舵人，但就公众形象而言，他难以在魅力范围中占有一席之地。

商界领袖们如白克、玛乔丽·斯卡尔迪诺（出版书籍的培生集团高层），以及理查德卡·卡曾斯（全球最大餐饮服务公司金巴斯集团首席执行官）等，虽然名声并不尽如人意，但是他们却始终能够取得出色的商业成果。

并不是每个社团或组织都想要或需要魅力型领导。有一些单位完全有理由去避开这样的角色，因为他们相处过的有些人欺善怕恶，狂妄自大，有时甚至是个不人道的暴君。

没有魅力的成功领导者可能看起来有些自相矛盾，但是有的人的确成功了。例如印度前总理辛格、法国前总统萨科齐、英国前首相布莱尔、德国总理默克尔和美联储前主席格林斯潘等。这些人通过深度的思考，赢得了大批追随者。

也许是时候停止因为魅力的事情而烦忧？不过总的来说，大多数成功的领导者都会设法提升自己的魅力，从而给人留下难忘的印象。

无魅力领导解决方案

- 依赖行为，而非言语
- 成就事情
- 不担忧相貌
- 更加关心做正确的事

- 在逆境时继续坚持
- 做出艰难的决定
- 事情出错时不要躲闪

魅力让领导工作变得更加容易

更重要的是魅力让领导工作变得更加容易。在当今竞争激烈的全球经济中，领导者比以往任何时候都更需要增加员工的士气。领导者必须鼓励员工去解决看似不可能完成的事，让他们明白为什么变化是必须的，并热情地解释变化对他们和公司有什么好处。你可以在没有魅力的条件下做到这一点，但是这就意味着需要花费更多的时间，而这正是公司所稀缺的资源。

第五部分　汇总

第十四章　在现实生活中运用 A-B-C 法

魅力值 A-B-C 法是温和且易于运用的方法。每件事都是相辅相成的，只要你回忆起基本的三要素，你就会开始稳步前进，对什么能产生强大而持久的影响有更多的认识。

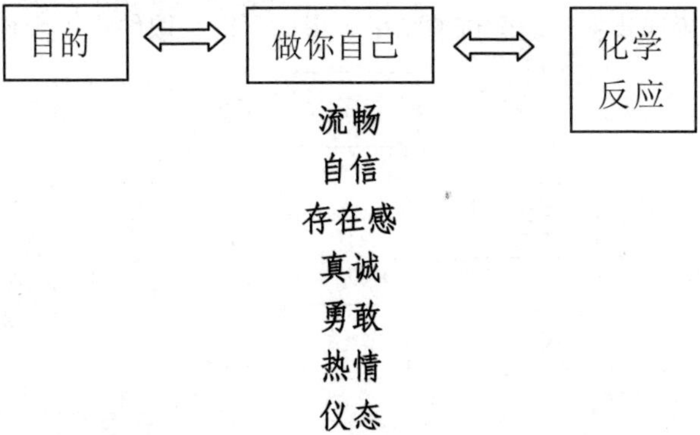

你无法一蹴而就，这就是为何探索个人情况，对聚焦在从哪一方面开始着手非常有帮助。

你可能会考虑采用下列两种基本策略：

1. 聚焦你已有的优势，将它们发扬光大。

2. 解决具体的发展需求或弱点，并为之努力。

这完全由你自己决定使用哪种方法，但通常而言，组合运用效果最佳。

你可以对 A-B-C 法的各个方面进行深入研究，再恰如其分地运用。运用时使用四步法也可能是有效的。

● 第一步：准备与他人交流，有意识地将 A-B-C 法的框架牢记心间，时不时提醒自己：目的、做自己、化学反应。

● 第二步：选择一种 A-B-C 法的关键行为，或是你想要提高的方面，如自信、热情、创造亲密关系、化学反应。选择一些可实际操作的，运用在真实的生活场景中。

● 第三步：尝试一种或多种新的互动方式，例如，提出更具有开放性的问题，更加专注地倾听，避免使用受害者语言模式或其他方式。

● 第四步：检验尝试的结果。考虑可能采取的进一步行动。

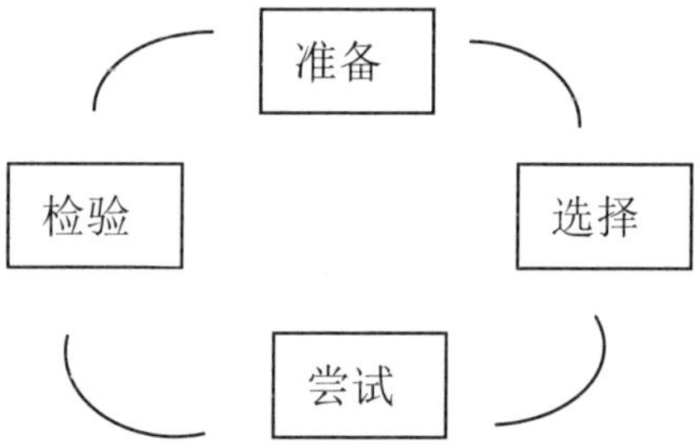

你需要小范围地解决各种各样的问题。

A-B-C 法需要练习、运用一段时间才能融入你与他人的日常交流中，所以切勿着急。你需要小范围地解决各种各样的问题，并且坚持下去，尝试时不要间断。在日常互动中，要不断观察发生了什么，你看起来有什么影响，你的听众似乎是怎样思考、感受或行动的，需要动态地检验人际关系。

起初，你可能会觉得这一切有些难以承受，因为有太多事情需要去考虑。但是就像尝试所有自我发展的方法一样，通常我们最好避免像新年计划这样大爆炸式的方式。因为这样我们就往往会设置一个不切实际的目标，又很快放弃，相反我们要循序渐进。不断地去尝试，然后再定期去检验进展。

最终 A-B-C 法成了第二天性，毕竟你基本上都在提醒自己目的、做自己、化学反应。每次聚焦在其中一个或两个方面。这也是许多颇具影响力的人做法的惯例。他们无须思考，A-B-C 法就可完美融入，一切就应运而生了。

创立一个计划

通过 A-B-C 法的框架去进行系统的操作能帮助建造自己的发展计划。下面就是一个例子。

● 周一，特别关注交流中的目的；探索在多样化的情景下发生了什么，自己的思路有多清晰，他人是否了解你的信息和目的。

● 周二，特别关注做自己那套行为中选择的一个方面。例如，你也许决定去提高存在感，在此范围之内，也许想要探索使用第五章提到的存在感捷径密码。

● 周三，选择自己行为当中的第二个方面去继续努力。所以如果你昨天选择的是捷径密码，也许今天可以去探索使用直觉看看是否奏效。

● 周四、周五，在化学反应主题下尝试一个和多种元素：关注、独立或亲密关系。

● 周末，查看 A-B-C 法框架下所有三大元素，检验在这周是否奏效。运用理论框架时，你从中学到了什么，又是怎样影响你的个人影响力的。

另外还可以采取滚动规划的项目，第一周聚焦目的，第二周聚焦做自己，第三周聚焦化学反应等，无论使用怎样的计划，都需坚持数周去执行，尝试看看自己能达到怎样的目标。

下面是人们希望发挥影响力时碰到的一些典型挑战，同时还有相应的行动方法。

创造化学反应

化学反应在提高魅力里是最复杂的一个环节。

化学反应在提高魅力里是最复杂的一个环节。不像目的或做你自己，你无法“操作”化学反应，它并不是个可采用的直接行为。相反，你需要在与观众建立关系中投入创造双向沟通过程。

你已经对什么能创造化学反应有了更加完整的了解。在任何情况下运用 A-B-C 法时，都可采取一些切实的措施，达到创造化学反应的目的。

在与人交流时，试着回忆一些要点，并把它们当作一份精神清单，用于评估当下正在发生的事，并且问自己：

● “我给这段关系注入了能量吗？可能有什么阻碍？”

● “我促进亲密关系了吗？是否存在亲密关系，如果没有原因在哪儿？”

在与他人交流过程中，简单地思考上述问题可对正在发生的事有更好的认识。随着意识增强，我们能更好了解积极影响动态关系的方式。

总结

如果读到这儿，你现在就知道转变魅力的重要方式了。在健身训练中，去几次健身房就产生巨大变化的例子很少。相反，积跬步才能至千里，才能取得最佳效果。增强你对他人的影响力也是一样的道理。小步伐就是最佳的步伐。

与其说这是一本最佳实践的菜谱，不如说这是个人持续成长的体系。通过不断的学习和尝试，可提高你的影响力。

我们生活在这样一个时代，这个时代最大的特点就在于变化毫不停歇、日新月异。我们都是变革的一部分，如果不想被时代抛诸脑后，我们必须保持不断改变的步伐。

你已经拥有了运用魅力的天赋，只是还没达到期待的水平。所以开始尝试本书介绍的方法吧。有些方法非常奏效，产生的效果令人惊讶。其他的方法看似比较困难，如向同事寻求反馈，但最终它们都能在恰当的情况下发挥作用。

魅力不是一个固定的数量。

魅力不是一个固定的数量，只要积极行动，魅力有着无限增长、发展的潜能。每年一次，有位著名的高尔夫球手都会去拜访一位专业的老朋友，仿佛自己是位初学者，说道："教我打高尔夫吧。"就像这位冠军球手，那些表现出色、给人留下深刻印象的人往往愿意不断寻找新方法，进一步提高影响力。

创造令人惊叹的个人影响力并没有什么标准答案，这也留给你足够的空间运用 A-B-C 法来探索这个领域。你会逐渐发现什么方法奏效，什么方法不奏效。就像任何自我发展的方法，A-B-C 法也需多加实践。

提升魅力应提上首要日程，这并非出于自私的考量，而是因为魅力提升可在事业或任何目标上助你一臂之力。

当然，A-B-C 法并不是一个有魔力的方法，也不是万能药。在这个良好沟通能力已成为必备技能的时代，A-B-C 法能引导你找到机会，给人留下更为深刻的印象。正如一位阅读这本书初稿的热心读者评论的那样："我更能关注到他人的行为，也开始更仔细地观察自己的行为。"

好运！

"如果你觉得自己太渺小，没有什么影响力，那么试着在有一只蚊子的房间里睡觉。"

——美体小铺创始人安妮塔·罗迪克

CHARISMA

上架建议：成功心理・自我精进

ISBN 978-7-5143-8424-6

9 787514 384246

定价：52.00元